명사의 식탁

글 박중곤

사진 농민신문사, 연합뉴스, AP통신

디자인 김상민

기획·편집·마케팅 농민신문사 출판기획부

인쇄 삼보아트

발행인 최원병

발행처 농민신문사

1판 1쇄 발행 2012년 8월 21일

1판 3쇄 발행 2013년 4월 10일

등록번호 제 1-1218호

주소 서울시 서대문구 통일로 81(미근동 267) 임광빌딩 15층 농민신문사

주문·문의 전화 02-3703-6136, 팩스 02-3703-6204

홈페이지 www.nongmin.com

ISBN   978-89-7947-121-2

값 15,000원

명사의 식탁

박중곤 지음

농민신문사

건강한 식탁이
〈명사의 오늘〉을 만들었다

기자 생활을 해온 지 어언 30년째다.

식품과 농업문제 전문기자로 활동하다보니 자연히 방방곡곡의 농수산물과 산나물, 나무 열매, 약초, 축산물 등 사람의 식탁에 오르는 것들을 취재하거나 탐구할 기회가 많았다.

나는 본래 건강과 먹을거리의 연관성에 관심이 많다. 인간은 식생활을 올바르게 하고 운동만 적절히 해주면 병에 거의 걸리지 않고 건강하게 잘 살 수 있다고 믿는다. 이는 과수가 밑거름만 충분해도 병해충 피해 별로 없이 과일을 풍성하게 매다는 것과 같은 이치다.

그런데도 요즘 사람들은 대부분 식생활을 개선할 생각은 하지 않고 병에 걸리면 병원과 약국으로 달려가려고만 한다. 아이들에게 날마다 인스턴트식품을 사 먹이면서 아토피와 과잉행동장애를 걱정한다. 현대인을 괴롭히는 것이 대부분 문명병이요, 식원병(食源病)일진대 이는 매우 모순된 생각이다. 무엇보다 '혼돈의 식탁'을 '질서의 식탁'으로 바꾸는 게 중요하다.

나는 기자생활을 하는 동안 식생활을 바람직하게 하는 사람들을 만날 수 있었다. 식탁이 조화롭고 신선한 이들은 자신들은 물론이고 가족 모두가 대체로 건강했다.

그런데 나는 의외로 이 시대의 명사들이 앞장서서 건강한 식생활을 실천하는 분들임을 알 수 있었다. 그들은 나름대로의 우수한 식사법을 유지했고 그것이 그들의 건강을 잘 뒷받침했다. 좋은 토양과 햇빛에서 꽃이 잘 피어나듯, 건강한 식탁이 명예의 바탕도 되고 있었던 것이다.

사실 양질의 식사를 통해 얻어지는 우수한 에너지는 그들의 학문이나 예술, 스포츠, 정치 활동의 밑거름이 되는 게 당연하다.

성장 과정에서는 체력을 길러주고 정서 순화에 도움 주며 아이큐(IQ)와 이큐(EQ)를 높이는 데도 기여한다. 전문 분야의 최고가 되게 하는 데 필수불가결한 연료요, 액셀러레이터다.

흥미로운 점은 성공한 사람들일수록 '자연주의 식사법'을 실천하고 있다는 사실이다. 제철에 자연에서 얻은 신선한 먹을거리를 그대로 식탁에 올리거나 전통의 방식으로 조리해 먹는다는 점이다. 특수하게 다이어트에 목을 매는 연예인이나 운동선수를 제외하고는 대부분의 명사들이 그러했다. 이는 국내 명사든, 해외 명사든 다를 것이 없었다. 시사하는 바가 큰 건강식사법이라 생각된다.

자녀를 건강하게 키워 성공시키는 것이야말로 모든 가장과 주부들의 첫 번째 소망일 것이다. 그런 분들에게 이 책이 조금이라도 도움이 된다면 더 이상 바랄 게 없겠다.

무엇보다 '똑똑한 주부'들의 '건강한 장보기'에 도움이 되었으면 한다. 자녀 성공의 첫걸음은 먼 데 있지 않다. 지혜로운 농수산물 쇼핑과 건강한 식탁 차리기가 자녀를 명사로 키워내는 디딤돌이다. 그러한 구체적 방법론과 힌트를 명사들의 식탁에서 찾을 수 있기를 기대한다.

끝으로 이 책에 등장하는 분들 중 일부 명사의 식탁은 접근이 어려워 그들을 직접 인터뷰하는 대신 각종 매체에 소개된 내용을 인용하는 방식으로 살펴보았음을 밝힌다. 이와 관련해 해당 명사분들의 해량(海諒) 있으시길 부탁드린다.

2012년 8월

박중곤

TIPS

제1장
국내 명사

| 문화, 예술, 스포츠계

TIPS

TIPS

제3장

해외 명사

| 미국, 유럽, 일본

제1장
국내 명사

ㅣ문화, 예술, 스포츠계

최소 칼로리로
최대 운동 효과 낸다

피겨스케이팅이나 리듬체조 선수들의 늘씬한 몸매는 한창 다이어
트 중인 뭇 여성들에게 선망의 대상이다. 그것도 피겨여왕 김연아
라면 더 말할 나위 없다.

2010 밴쿠버 동계올림픽 금메달리스트 김연아는 복스러운 얼굴
이 압권이다. 늘 생글생글 웃는 그 얼굴에서 긍정과 행복의 에너지
가 넘쳐난다. 전체적인 미모가 연예인 못지않아 온 국민의 사랑을
한 몸에 받는 여성이다.

빙판 위의 피겨스케이팅 실력과 연기력은 또 어떤가. 밴쿠버 동계
올림픽에서 그녀는 〈007메들리〉와 〈조지 거쉬인의 피아노협주곡〉
을 바탕으로 완벽한 연기를 펼쳐 세계인의 심장을 멎게 했다. 쇼트
프로그램과 프리스케이팅에서 합계 228.50이란 믿기지 않는 점수
를 기록해 피겨여제(女帝)로 당당히 등극한 것이다.

피겨 선수 특성상 몸무게가 조금만 늘어도 점프에 영향을
미치기 때문에 그녀는 가혹할 정도로 체중 조절에 신경을 쓴다.

올림픽 이전에도 그녀는 세계여자피겨선수권대회 등 각종 국제
대회에서 1위를 차지해 세계인의 갈채를 이끌어냈다. 지금까지 그
녀가 〈지젤〉 〈죽음의 무도〉 〈세헤라자데〉 등 명곡을 배경으로 감
탄스럽게 펼쳐 보인 연기는 지구촌 가족의 뇌리에 너무나 아름다
운 영상으로 남아 있다.

오죽하면 세계여자피겨선수권대회에서 금메달을 다섯 번씩이
나 딴 미국의 미셸 콴(Michelle Kwan)이 "나는 김연아처럼 예술성과
스포츠를 잘 조화시킨 선수를 본 적이 없다"고까지 말했겠는가.

미셸 콴의 찬사가 아니더라도 이미 세계는 김연아를 영웅의 반
열에 올려놓았다. 2010년 미국의 시사 주간지 〈타임〉이 '세계에
서 가장 영향력 있는 100인'에 선정한 것이다. 특히 이들 100인 중
25명의 '영웅' 부문에서 빌 클린턴 전 미국 대통령에 이어 2위를 기

점심은 각종 신선 과일과 생선, 콩, 두부, 샐러드로 차린 식탁을 대한다.

록해 정치, 경제, 사회, 문화 등 모든 분야에서 지구촌 헤로인임을 입증했다.

　김연아는 또 2011년 평창 동계올림픽 유치 프리젠테이션에서 유창한 영어 실력으로 지지를 호소해 우리나라가 다시 한 번 올림픽을 유치하는 데 톡톡히 기여하기도 했다.

　이렇듯 한 사람이 가는 데마다 탁월한 능력을 발휘할 수 있는 것을 볼 때 '하늘이 공평하지 않다'는 생각을 가질 수도 있다. 그래서 사람들은 때로 김연아 같은 유명인을 시샘해 한두 가지라도 닮고자 노력하게 된다.

　체중 감량이 과제인 여성들에게는 김연아가 어떻게 그런 날씬한 몸매를 유지할 수 있는지가 최고의 관심사다. 그녀의 몸매는 남들이 생각하기에 타고난 것 같지만 결코 그렇지 않다. 혹독한 노력이 호리호리하고 단아한 몸매를 만들어냈다.

김연아가 수년 전 MBC〈무릎팍도사〉에 출연해 호리호리한 몸매 유지 비결을 공개한 뒤 그녀의 다이어트 식단이 세간에 알려졌다. 피겨 선수 특성상 몸무게가 조금만 늘어도 점프에 영향을 미치기 때문에 그녀는 가혹할 정도로 체중 조절에 신경을 쓴다.

이를 위해 우선 아침은 한식으로 충분한 포만감을 느낄 수 있도록 먹는다. 든든히 먹을 수 있는 유일한 한 끼 식사가 아침이란다. 그래서 아침 먹을 때가 가장 행복하다고 한다.

점심은 각종 신선 과일과 생선, 콩, 두부, 샐러드로 차린 식탁을 대한다. 샐러드는 적당량만 먹어도 배고픔을 안 느낄 수 있고 과일은 피로를 풀어주는 젖산 등의 물질이 많아 운동 후 섭취하면 좋다고 한다. 저녁에는 과일과 순수 곡물 시리얼을 먹어준다. 시리얼을 먹는 이유는 밥이나 빵과 효과가 비슷하지만 위 부담을 줄이고 탄수화물과 비타민을 한 번에 섭취할 수 있기 때문이다.

동물성 지방은 체지방을 늘려 호리호리한 몸매 유지에 방해가 되므로 육류는 먹지 않는다. 대신 근육의 양과 근력 유지를 위해 먹는 것이 단백질이 풍부한 콩, 두부, 두유, 생선 등이라고 한다.

스케이팅을 하려면 충분한 열량을 받아들여야 하지만 그녀는 마음대로 먹을 수 없는 고민이 있다. 살찌지 않기 위해 먹고 싶어도 꾹 참아야 하니까 밤마다 배고프고 서럽다는 것이다. 그러고 보면 그녀의 화려한 성공 뒤에는 이렇듯 소소한 '먹는 행복'을 포기하고 살아야 하는 아픔도 있는 것이다.

체중 유지를 위해 최소한의 칼로리를 섭취하고 최대한의 운동 효과를 내야 하는 것이 김연아의 운명이다. 그녀의 영광은 쉼 없는

근육의 양과 근력 유지를 위해 먹는 것이 단백질이 풍부한 콩, 두부, 두유, 생선 등이라고 한다.

다이어트와 운동의 인내를 먹고 자랐다. 그러므로 어느 여성이든
아름답고 늘씬해지려면 김연아처럼 독해져야 한다.

　필요 이상의 칼로리를 섭취했을 땐 그 이상의 운동을 해 칼로리
를 소진해야 한다. 이는 헬스 테크요, 미용 테크다. 아름다움과 건
강에 대한 투자다. 아름다움도 결국은 독함과 맞바꾸는 것이다.

미인 만드는 음식

고운 피부야말로 미인의 중요한 조건이다. 여성들은 모두가 희고 부드럽고 매끄러운 살결을 원한다. 다만 현실이 그렇지 못하다 보니 이를 커버하려고 화장에 목을 맨다.

그러나 메이크업을 짙게 한다고 해서 피부 결이 좋아지는 것은 아니다. 오히려 화장을 지운 맨 얼굴은 엉망인 경우가 많다.

제대로 된 화장법은 이처럼 '밖'으로 하는 것이 아니라 '안'으로 하는 것이다. 피부 건강에 도움 되는 좋은 음식을 적절히 먹어주는 것이야말로 좋은 화장법이다.

영양학자와 생약 전문가들은 한결같이 채소, 과일, 곡식 및 육식을 골고루 먹는 것이 피부 미용의 기본이 돼야 한다고 강조한다. 편식이야말로 기미, 주근깨, 주름살, 여드름 등 각종 피부 트러블의 원흉이라는 것이다. 또 변비야말로 피부 미용의 최대 적이므로 이를 예방하는 것도 중요하다. 현대 과학이 인정하는 피부 미용을 위한 식사법은 다음과 같다.

체액을 약 알칼리 상태로 유지한다 이를 위해 비타민과 미네랄이 풍부한 식사를 한다. 잡곡밥, 현미밥, 다양한 채소, 과일을 먹으면 된다. 365일 흰쌀밥만 먹는 것은 좋지 않다. 현미나 잡곡을 먹기 부담스러우면 이를 죽이나 빵으로 만들어 먹는다.

비타민 A와 C를 충분히 섭취한다 이는 희고 윤기 나는 피부를 만드는 데 중요하다. 비타민 A와 C는 각종 녹황색 채소에 많이 함유돼 있다. 비타민 A는 장어, 치즈, 간 등 동물성식품에서 섭취하는 것도 좋다.

단백질을 충분히 보충해준다 피부는 주로 단백질과 수분으로 구성돼 있어 단백질이 중요하다. 달걀, 치즈, 콩, 우유 등으로 만든 질 좋은 단백질 음식을 적절히 먹어주면 탄력 있고 광택 나는 피부로 가꿀 수 있다.

김용택

추억의 무밥 & 감자밥

김용택은 '섬진강 시인'으로 불린다. 섬진강변에서 태어나 지금도 그 강가에 살고 있고 앞으로도 그 언저리에서 생을 마감하려 하는 사람이다.

미당 서정주는 자신을 키워준 건 '팔 할이 바람'이라고 썼지만, 시인 김용택을 길러준 건 '팔 할이 섬진강'이었다. 언제나 섬진강 물줄기가 유장하게 그의 영혼을 적시며 흐른다.

가문 섬진강을 따라가며 보라/ 퍼가도 퍼가도 전라도 실핏줄 같은/ 개울물들이 끊기지 않고 모여 흐르며/ 해 저물면 저무는 강변에/ 쌀밥 같은 토끼풀꽃/ 숯불 같은 자운영꽃 머리에 이어주며…/ 흐르다 흐르다 목 메이면/ 영산강으로 가는 물줄기를 불러/ 뼈 으스러지게 얼싸안고/ 지리산 뭉뚝한 허리를 감고 돌아가는/ 섬진강

김용택은 노모에게 종종
무음과 콩나물 얹은 무밥을
해달라고 부탁한다.

을 따라가며 보라
—〈섬진강1〉

이 시구만으로도 그가 섬진강을 얼마나 사랑하는가를 어림짐작
할 수 있다. 이 시 외에도 시집 〈섬진강〉〈꽃산 가는 길〉〈누이야
날이 저문다〉〈강 같은 세월〉, 산문집 〈섬진강을 따라가며 보라〉
등에 그의 섬진강에 대한 애정이 질펀히 녹아 있다.

그는 섬진강변의 초등학교에서 교편을 잡고 있다. 대처 생활은
한 적 없고 당초부터 원하지도 않았다. 촌 학교 훈장으로서 섬진
강에 '매달려' 살기를 희망했다.

그가 근무하는 마암분교는 한 때 학생 수가 심각하게 줄어 폐교
될 위기에 처했지만, 언제부턴가 그의 명성에 힘입어 외지 학생들

김용택의 시와 영혼이 섬진강과 끈끈히 연결돼 있듯이
그가 먹는 음식 또한 섬진강과 많은 연관성이 있다.

이 하나 둘 전학 오더니 이제는 학생 수가 꽤나 증가했다. 덕분에
'폐교될 운명'은 후련하게 강물에 던져졌다.

이제 그는 강변의 그 작은 학교에서 대처 사람들의 심금을 울리
는 역할을 하고 있다. 도회지의 수많은 문인과 문학 지망생과 직
장인, 주부들이 〈섬진강〉 연작시를 비롯한 서정성 짙은 그의 시에
매료돼 눈물짓고 가슴을 쓸어내린다. 연중 그를 찾아오는 도시인
들이 셀 수 없을 정도로 많다고 한다.

그의 시와 영혼이 섬진강과 끈끈히 연결돼 있듯이 그가 먹는 음
식 또한 섬진강과 많은 연관성이 있다. 섬진강이 품어 기르는 식품
이라 해도 틀리지 않다.

그 가운데 감자밥은 그가 퍽 좋아하는 음식이다. 어릴 적 그는
농사일로 바쁜 어머니를 대신해 밥을 지었다. 보리쌀을 솥에 넣고
그 위에 감자를 다듬어 안쳤다. 쌀이 떨어진 여름철에 감자는 보
리밥을 쌀밥처럼 하얗고 부드럽게 해주었다. 밥을 다 해 놓으면 들
일에서 돌아온 어머니가 감자를 주걱으로 탁탁 내려쳐 으깼던 것
이다.

이런 감자밥과 함께 잘 먹는 것이 무밥이다. 이 밥은 무를 잘게
썰어 솥바닥에 깔고 그 위에 쌀을 안쳐 짓는 것으로, 그에게 또 다
른 추억의 음식이다. 어른들은 그 이상한 무밥에다 무움(싹)이나
콩나물을 넣어 비벼 드셨는데, 어린 김용택은 그 맛을 싫어했다고
한다. 그런데 언제부턴가 그리움 묻어나는 음식이 되어 다시 찾게
되더라고 했다.

강가에 살았던 한국인의 밥상에 흔히 올랐던 식품이 무와 시래
기로 만든 음식이요, 감자나 잡곡으로 만든 먹을거다. 시래기는
겨우내 토담이나 나뭇가지에 걸려 있다가 된장국이나 나물로 변신
해 사람들의 허기를 메워주었다. 무는 무밥 외에 오만가지 반찬의

감기에 걸렸던 한국인의
밥상에 흔히 오른 것이 무나
감자로 만든 음식이다.

재료로 변신했다. 장마 전에 캐낸 감자는 부족한 곡기를 보충해주
는 중요한 먹을거리였다.

지금도 김용택은 노모에게 종종 무움과 콩나물 얹은 무밥을 해
달라고 부탁한다. 감자밥도 정겨워 자주 찾는다. 그런 음식을 먹
고 자랐고 지금도 즐겨 먹고 있으니 그는 어쩔 수 없는 섬진강변
촌사람이다.

맑은 날 강물은 은빛 비늘을 무수히 벗겨내며 반짝거린다. 그
속에 은어와 피라미가 노닐고 참게도 기어 다닐 것이다. 남도의 무
수한 생명을 품어 기르는 강물이다.

오전에서 오후로 넘어갈 때면 강물의 색조가 바뀐다. 아이들과
점심 먹을 시간이다. 교실 창문을 넘어 버들붕어처럼 불어 들어오
는 강바람을 맞노라면 불현 듯 무밥과 감자밥이 그리워진다. 강변
학교에서 다시 애틋한 시들이 탄생하는 시간이다.

나 찾다가/ 텃밭에/ 흙 묻은 호미만 있거든/ 예쁜 여자랑 손잡고/
섬진강 봄물을 따라/ 매화꽃 보러 간 줄 알그라
－〈봄날〉

박지성

우유와 한식

'산소탱크' '두 개의 심장을 지닌 사나이'. 한국이 낳은 세계적인 축구 스타, 박지성을 따라다니는 수식어다. 그의 출중한 체력은 서양 축구 선수들도 부러워한다.

영국의 명문 축구클럽 맨체스터 유나이티드는 그를 영입해 대박을 터뜨렸다. 축구 신동 리오넬 메시, 크리스티아누 호날두 등과 용호상박(龍虎相搏)하는 공격수다.

2002년 서울 월드컵 경기에서 한국이 세계 4강에 드는 데 혁혁한 공을 세운 그는 그후 유럽으로 건너가 10년째 그곳 그라운드를 누비고 있다.

유럽인들은 그가 경기에 임할 때마다 그의 탁월한 체력에 감탄한다. 그도 그럴 것이 몸을 내던져 축구장을 종횡무진으로 달리며 공격 포인트를 얻어내기 때문이다.

그는 전·후반 경기를 모두
소화하면서도
도대체 지칠 줄을 모른다.
마치 철갑으로 만들어진 사나이 같다.

　그는 전·후반 경기를 모두 소화하면서도 도대체 지칠 줄을 모른다. 마치 철갑으로 만들어진 사나이 같다. 유럽 선수들보다 더 먼 거리를 뛰는 선수로도 유명세를 타고 있다.

　2008년 맨체스터 유나이티드와 스페인 바르셀로나의 유럽 챔피언스 리그 4강 2차전에서는 두 팀 통틀어 가장 긴 11.962㎞를 내달리며 팀의 승리를 견인했다. 맨체스터 유나이티드는 그해 유럽 챔피언스 리그 정상에 오르는 쾌거를 이뤘다.

　그런 박지성의 강철 체력의 비결은 무엇일까. 다름 아닌 우유와 한식이라고 해도 과언이 아니다. 박지성의 우유 사랑은 소시 적부

박지성은 어릴 적부터 우유를 하루에 꼭 한잔 이상은 마셨고, 우유 없이 하루를 시작해 본 적이 없다.

터 시작됐다고 한다.

"저는 어릴 적부터 우유를 하루에 꼭 한잔 이상은 마셨고, 우유 없이 하루를 시작해 본 적이 없어요. 지금도 아침에 한잔씩은 꼭 마시고 있습니다."

그는 "제가 우유를 매일 마시다보니 사람들이 우유를 많이 먹지 않는다는 얘기를 듣고 믿기 힘들었다"며 "많은 사람들이 우유를 마시고 건강해졌으면 좋겠다"고 덧붙였다.

낙농자조금관리위원회는 박지성의 이같은 우유 사랑에 감동해 그를 2012년 우유홍보대사로 위촉했다. 서울의 한 호텔에서 가진 위촉식에서 그는 "흰 우유의 품질이 세계적인 수준인 만큼 소비자들에게 인정받을 거라 생각한다"며 "우유 홍보에 최선을 다하겠다"고 소감을 밝히기도 했다. 그는 2012년 우유 소비촉진 캠페인 광고에 출연, '우유 빛깔 코리아'라는 메시지로 대한민국을 응원해 TV 시청자들의 감동을 자아내고 있다.

박지성은 고교 시절 키와 체력을 키우는 데 매우 골몰했다고 한다. 당시 그의 아버지는 여름과 가을을 지나며 통통하게 살 오른 개구리들을 잡아 약재와 함께 진액으로 달였다. 박지성은 키를 자라게 해야 한다는 생각에 진액을 열심히 마셨다.

그 효과는 컸다. 고교 2학년에 오르면서 키가 170㎝를 넘었다. 축구선수로서 큰 키는 아니었지만 마(魔)의 170㎝를 넘은 것 자체가 기적이었다.

물론 체력 신장이 전적으로 개구리 때문만은 아니었다. 그의 아버지는 정육점을 운영하며 한우고기와 돼지고기 등 육류를 두루 먹였다. 청소년기의 체력 신장에 육식이 든든한 밑바탕이 됨은 불문가지의 사실. 거기에 개구리 진액과 우유가 더해져 화룡점정의 역할을 했을 것으로 추측할 수 있다.

박지성의 강철 체력의 비결은
우유와 한식이라고 해도
과언이 아닙니다.

사실 개구리는 시골서 자란 많은 기성세대에게 '은근한' 단백질 공급원 역할을 했다. 요즘도 농촌마을에서는 경칩이 되어 개구리가 깨어 나오기 전에 이를 잡아 기름에 튀겨먹는 이들이 적잖다. 농가 뒷마당에는 기름 솥이 걸려 있다. 사내들은 계곡에 나가 돌이나 바위를 들춘다. 겨우내 아무 것도 못 먹고 잠만 잔 개구리들이 홀쭉한 배를 바닥에 깔고 있다가 놀라 느릿느릿 기어간다. 그저 녀석들을 주워 그릇에 담기만 하면 된다.

　잡아온 개구리를 펄펄 끓는 기름 솥에 던져 넣으면 놈들은 네 다리를 쭉쭉 뻗으며 그대로 튀김이 된다. 그것을 건져 간장에 찍어 먹는 것은 그야말로 악취미다. 그러나 그것은 가난한 이들에게는 한 철 돈 없이 단백질을 충분히 공급받을 수 있는 좋은 방법이다.

　이제 개구리 진액이 박지성에게는 추억의 음식으로나 남았겠지만 그가 TV 스포츠 뉴스 화면에 화려하게 등장할 때마다 필자의 입가에는 미소가 감돈다. 어느 나라 운동선수에게 이처럼 애틋한 음식 일화가 또 있을까.

　박지성이 좋아하는 한식은 그의 어머니 작품이다. 그래서 그것은 일명 '어머니 밥상'이다. 한 때는 박지성이 TV 광고에 라면 홍보 모델로 등장했다. '○○ △라면!' 하고 멘트 한 뒤 면발을 입 안에 후루룩 쓸어 넣는 그에게서는 패스트푸드를 즐기는 신세대 이미지가 넘쳤다. 그러나 그런 광고와 달리 그는 오히려 신토불이 식습관을 지닌 사나이다.

　그의 어머니는 한 해의 절반가량을 영국의 아들 곁에 머물며 한국식 밥상을 차려준다고 한다. 고추장, 된장, 간장, 참기름 등으로 양념하고 배추김치를 곁들인 고향의 맛! 거기에다 밥밑콩 섞은 쌀밥을 든든히 먹는 것은 그대로가 '운동 보약'을 복용하는 것과 진배없다. 한국의 가족, 친지들은 그런 그를 위해 신토불이 식재료를 챙겨 보내느라 바쁘다고 한다.

　박지성이 이렇게 신토불이 음식보약을 지속적으로 챙겨먹는 한 유럽 축구계에서의 그의 신화는 앞으로도 꾸준히 이어질 것으로 보인다.

풋콩과 숭늉

미당(未堂) 서정주처럼 한국인의 정한을 토속적이고 주술적인 언어로 무한정 길어 올린 시인이 또 있을까.

그는 첫시집 〈화사집〉에 이어 〈귀촉도〉 등에서 자기 성찰과 달관의 세계를 동양적인 정조로 노래했고, 〈신라초〉〈동천〉에서는 불교사상에 입각한 인간 구원을 시도했다. 산문시집 〈질마재 신화〉에서는 원시적이며 향토적인 샤머니즘 세계를 미려한 시어로 조탁해냈다.

그의 시들은 육신의 허물을 벗은 영혼의 나비처럼 시공을 넘나들며 한국인의 정서를 휘젓고 다닌다. 그의 명시 몇 토막을 들여다보자.

향단아/그넷줄을 밀어라/머언 바다로 배를 내어 밀듯이,/향단아

이 다소곳이 흔들리는 수양버들나무와/베갯모에 뇌이듯한 풀꽃데
미들로부터/자잘한 나비 새끼 꾀꼬리들로부터/아주 내어 밀듯이,
향단아
-〈추천사〉

내 마음 속 우리 님의 고운 눈썹을/즈믄 밤의 꿈으로 맑게 씻어서/
하늘에다 옮기어 심어놨더니/동지섣달 나는 매서운 새가/그걸 알
고 시늉하며 비끼어 가네.
-〈동천(冬天)〉

눈물 아롱아롱/피리 불고 가신 님의 밟으신 길은/흰 옷깃 여며 여
며 가옵신 님의/진달래 꽃비 오는 서역 삼만리/다시 오진 못하는

장 한 동이의 맛을 들이기 위해 아주 많이 애를 쓴다. 항상 전통 방식으로 담근 된장, 고추장, 간장으로 음식의 간을 맞춰낸다.

파촉 삼만리
－〈귀촉도〉

어느 것 하나 한국인의 정한에 애절하게 어필하지 않는 시가 없다. 음식에 비유하자면 오랜 세월 전수된 손맛으로 빚어낸 맛깔스런 향토음식과도 같다.

사실 그는 생애 자체가 너무나 한국적이고 향토적이었다. 그의 모습에서부터 〈질마재 신화〉 속 주인공들의 면면이 오버랩됐고, 식생활과 주거생활에서조차 전통미가 물씬 풍겨났다.

그는 서울 관악구 남현동 고택에서 오랫동안 생활했다. 부인 방옥숙 여사가 술을 못 마시게 감시하는 '헌병 아내' 역할을 하며 늘 그의 곁에 머물렀다.

언젠가 방 여사가 〈경향신문〉과의 인터뷰에서 밝힌 내용이 재미있고 의미심장하다.

"한 송이 국화꽃 피우는 대신 고추장 한 독 간수하는 게 나의 일이죠."

미당의 명시 〈국화 옆에서〉를 염두에 두며 한 말이다. 그의 이 한 마디에서 미당이 전통식을 좋아했음을 쉽게 눈치 챌 수 있다.

방 여사는 장 한 동이의 맛을 들이기 위해 아주 많이 애를 쓴다는 얘기였다. 항상 전통 방식으로 담근 된장, 고추장, 간장으로 음식의 간을 맞춰낸다고 했다.

미당은 아침에는 죽, 점심에는 다시마 멸치국물에 삶아낸 우동, 저녁은 집 반찬과 밥으로만 끼니를 삼는 전통적인 식습관을 오랫동안 유지했다고 한다. 토속어와 비어를 사용해 창작된 그의 시 세계와 식생활이 본질적으로 상호 연결돼 있음을 알 수 있게 하는 대목이다.

깊은 가을밤, 어머니가 빚고 계시던 송편 속의 그 푸른 풋콩들.

그런 그가 유난히 좋아한 농산물이 하나 있었다. 풋콩이다. 지난 1990년대 중반 그는 필자가 편집하던 월간지에 '풋콩'이란 제목의 원고를 보내왔다. 그 내용이 지금 다시 읽어도 풋풋하고 질박하다. 미당이 지은 또 한 편의 산문시에 다름 아니다.

깊은 가을밤, 휘영청 밝은 달이 내리비치는 마루에 앉아 어머니와 할머니가 빚고 계시던 하얀 송편 속의 그 푸른 빛 풋콩들. 그 향기로운 풋콩 냄새를 그리기라도 하듯 뒷산에서 좋아 우는 노루들 소리. 지금도 지그시 두 눈을 감으면 그 풋콩의 싱싱한 아름다운

빛깔과 향기가 아련히 떠오르며 노루 떼의 울음소리가 들리는 듯하다.…

풋콩이 그리워서 그것들이 나올 제철만 되면 나는 요즘도 손수 장거리에 나가 시골서 온 할머니와 아주머니들에게서 몇 다발씩 사서 들고는 집으로 돌아와 늙은 아내더러 "이걸 밥밑으로 해주구려" 하고 부탁을 한다. 그러면 그때마다 나의 아내는 내 속을 빤히 다 알아차린 반가운 낯으로 "풋콩 숭늉도 잘 눌려 드릴께" 하면서 어린아이처럼 빙그레 웃는다. 이런 숭늉까지 먹고 사는 민족이 이 땅 위에 또 어디 있는가.

이 원고 한 편으로 인해 그달 월간지가 빛을 발했다. 독자들의 호응이 남달랐던 것이다. 과연 그는 음식조차도 질박한 시로 둔갑시킬 줄 아는 '언어의 마술사'였다.

> 그 불탄 집터에 수부룩이 돋아 있는 매움한 실파밭, 그 낱낱의 잎에서 그 여자의 육자배기 노랫소리는 울려 나오고, 그것은 하늘과 땅에 메아리하여 끝없이 시간을 적시고, 이렇게 그 육자배기는 오랜 세월 환난 많은 민족의 잿더미에서 안 타 죽은 새 같이 날개를 퍼득거리며 다시 살아나 울리고 울리고 울려 오고…
> – 산문 〈산마다 울리는 육자배기와 동백꽃〉

이쯤에서는 매큼한 실파 냄새와 막걸릿집 여자의 육자배기 가락과 그 집 앞마당의, 도톰한 여인 입술 같은 동백꽃이 어우러진 듯한 그의 예술 세계에 푹 젖어들게 된다. 한국인의 원형적 아름다움이 녹아난 미당의 시 세계요, 음식 세상이다.

미당 서정주의 생애는 너무나 한국적이고 향토적이었다. 그가 유난히 좋아한 농산물이 풋콩이다.

체력 보강의 일등공신, 닭요리

우리나라 등산로 입구 어디든 닭요리 음식점 없는 곳이 거의 없다. 하산한 등산객들이 노곤해진 몸을 풀며 즐기기에 제격인 것이 닭요리다. 값도 비교적 저렴해 주머니 사정 걱정할 것도 없다. '닭 한 마리', 닭찜, 닭도리탕, 닭불고기, 백숙 등 종류도 다양하다. 구수한 그 풍미를 느끼며 막걸리라도 한잔 걸치노라면 물 먹은 솜처럼 밀려든 피로도 달아난다.

그러니 전국의 산이라면 안 가본 데가 거의 없는 산악인 엄홍길이 좋아하는 음식이 닭요리인 것도 자연스러운 일이다. 그에게는 닭고기 음식이야말로 체력 보강의 일등공신이다.

산악인은 힘을 기르기 위해 무엇이든 잘 먹어야 한다. 그는 식성이 좋아 음식을 특별히 가리지 않는다. 닭요리는 그중에서도 그가 가장 즐기는 음식이라고 〈뉴스메이커〉와의 인터뷰에서 밝히기도

엄홍길과 닭고기 음식의
인연은 그가 세 살 되던 해부터
시작됐다고 한다.

했다. 그의 식성이 오랫동안 닭요리에 길들여졌다는 증거다.

　엄홍길과 닭고기 음식의 인연은 일찍부터 시작됐다. 그의 가족
은 그가 세 살 때 고향인 경남 고성을 떠나 서울 도봉산 계곡에 자
리 잡았다. 그곳에서 어머니는 등산객들을 상대로 식당을 운영하
며 닭찜을 팔았다. 이처럼 걸음마할 무렵부터 보고 먹었으니 닭요
리와의 만남은 어쩌면 운명적인 것이었는지도 모른다.

　그후 전문 산악인이 되기로 결심하고 설악산부터 한라산까지 전
국의 명산을 무수히 오르내리는 동안 그가 항상 부담 없이 즐긴 것
이 '닭 한 마리'요, 닭찜, 닭백숙 등이었다. 이미 소시 적부터 형성
된 미각이 저절로 그런 음식을 찾게 만들었다고도 볼 수 있다. 주
왕산 달기약수터의 닭요리 집 등 전국 곳곳의 등산로 입구에서 그
가 다녀간 흔적(사진)을 찾는 일은 그다지 어렵지 않다.

그는 전문 산악인이 되기로 결심하고 설악산부터 한라산까지
전국의 명산을 무수히 오르내렸다.

    그는 20대 중반 에베레스트 등반 계획을 세웠고, 그때부터 우
수한 등산 장비를 구입하기 위해 동대문시장을 들락거렸다. 그 시
장에서 인연을 맺은 단골 맛집 '닭 한 마리'집을 벌써 근 30년째 드
나들고 있다. 이 음식점의 '닭 한 마리'는 육수에 닭을 끓여 소스에
찍어먹고, 다 먹은 뒤 국물에 국수를 익혀 먹는 요리다. 그의 표현
을 빌리자면 얼큰하고 구수한 국물과 부드러운 육질이 '환장하게
맛있다'는 것이다. 이 음식에 어지간히 정이 들어 그는 이제 이 집
사장 부부와 부모, 자식 같은 자별한 사이가 됐다.

    그러나 아무리 입에 맞는 닭요리라고 해도 지나치게 먹는 것은
좋지 않은 법이다. 그래서 그는 평소에는 잡곡과 나물 등으로 차리
는 건강밥상을 찾는다.

    언젠가 KBS 건강 프로그램 〈비타민〉에서 그의 밥상을 '위대한
밥상'으로 소개한 적이 있다. 그때 TV 화면에 등장한 그의 집 식

탁에는 잡곡밥, 청국장찌개, 도라지무침, 나물, 생선찜 등과 과일로 체리가 올랐다.

　그 가운데 도라지는 산악인인 그가 폐를 튼튼히 하기 위해 늘 먹는 식품이다. 실제 그의 폐활량은 대단하다. 물속에서도 25m 거리를 잠영으로 수차례 왕복할 정도이니 그의 폐가 얼마나 튼튼한지 알만하다. 히말라야 같은 곳에서 무산소 등정도 수시로 해야 했으니 튼튼한 폐가 아니고는 그의 성공도 불가능했을 것이다. 그런 성공의 이면에서 도라지가 약이 되었을 것을 생각하면 흥미롭다.

　체리는 붉은 성분의 안토시아닌이 시력을 좋게 하고 관절 등의 염증 완화에 도움을 준다. 설산을 등반하다보면 눈이 몹시 부셔 시력이 망가지기 쉽다. 체리가 이같은 부작용을 예방하고 아스피린의 10배나 되는 소염 효과를 가져다준다는 사실도 놀랍다.

　따지고 보면 약이 되지 않는 농산물이 없지만, 그중에서도 산악

입에 맞는 닭요리도 지나치게 먹는 것은 좋지 않아 평소에는 잡곡과 나물 등으로 차린 건강밥상을 찾는다.

도라지는 산악인인 그가 폐를 튼튼히 하기 위해 늘 먹는 식품이다.

체리는 붉은 성분의 안토시아닌이 시력을 좋게 해 그가 즐겨 먹는다.

인에게 특별히 좋은 식품이 도라지와 체리란 사실은 등산 애호가
라면 눈 여겨 볼 대목이다.

　체리가 아니더라도 그가 등산 배낭에 꼭 챙겨 넣고 다니는 것이
파인애플, 사과 등 과일과 오이 등 과채류, 그리고 소금이다. 시원
한 과일은 에너지 보충용으로 최고라고 한다. 아삭아삭 씹히는 오
이는 수분 보충에 안성맞춤이다. 싱싱한 파프리카도 등산용 간식
거리로 훌륭하다고 할 수 있을 것이다.

　산이 좋아 산에 미쳤고 산에 목숨을 건 사나이. 3번 도전 끝에
세계 최고봉 에베레스트 등정에 성공했고, 로체샤르는 3번 실패
를 거쳐 정상을 밟았다. 안나푸르나는 5번 도전 끝에 죽음의 문턱
을 넘어 정상에 올랐다. 그리하여 마침내 세계 최초로 히말라야
8,000m 16좌 완등의 주역이 된 사나이.

　그의 오늘을 만든 것은 불굴의 탐험정신과 노력이지만 그 저변
에서 체리, 도라지와 닭요리가 시나브로 거름 역할을 했을 것을 상
상하면 입가에 저절로 미소가 머금어진다.

'젊음의 식품' 즐기는
모래판 황제

이만기 인제대 교수에게 늘 따라다니는 닉네임은 '모래판의 황제'다.

그는 경남대학교 2학년 무렵인 1983년 천하장사 민속씨름대회에서 우승해 일약 모래판의 최강자로 떠올랐다. 그후 1991년 은퇴할 때까지 천하장사 10회, 백두장사 18회, 한라장사 7회, 기타 대회 14회 등 각종 장사 타이틀을 모두 49번이나 차지. 민속씨름계의 전설로 남았다.

그러나 그는 아직까지 '살아 있는' 전설이다. 대학교수로 후학들을 양성하면서 틈틈이 개그 프로 등 각종 TV 프로그램에 출연해 존재감을 드러내고 있다.

최근에만 해도 그는 KBS 2TV 〈해피 선데이〉에서 강호동과 20여년 만에 재대결을 펼쳐 시청자들을 숨죽이게 했다. 종합편성 채널 A채널 〈불멸의 국가대표〉 촬영 현장에서는 이종격투기 선수

김동현과 자존심 건 한판 승부를 벌여 시청자들을
화석(?)이 되게 했다.

때론 황소 같은 늠름함으로, 혹은 표범처럼 날쌘
동작으로 상대를 제압하는 그는 국민의 뇌리에 당
초 패배란 있을 수 없는 '불사조'처럼 각인돼 있다.
그런 그이기에 도대체 무엇을 먹고 어떻게 체력을
다졌는가 하는 것은 세간의 관심사일 수밖에 없다.

대부분의 운동선수들이 그러하듯이 그도 젊었을
때는 지구력을 기르기 위해 육류를 즐겼다. 지금도
쇠고기와 돼지고기를 비롯해 각종 채소, 과일 등
갖가지 식품을 가리지 않고 잘 먹는다.

그러나 이런 일반적인 식생활 외에 그의 독특한
단면을 들여다볼 필요가 있다. 단면의 나이테로 나
무 전체의 건강성을 살필 수 있듯이 각론적 식생활
에서 또한 건강의 비결을 건질 수 있기 때문이다.

그의 독특한 식생활은 양파와 풋고추를 즐기는
것이다. 그는 천하장사 시절 〈농민신문〉과 가진 인
터뷰에서 '씨름선수로서 각종 장사 타이틀을 굳게
지킬 수 있었던 힘은 원천적으로 양파와 풋고추 덕
분이었다'고 밝혔다. 그는 '불고기와 함께 양파를 날
것으로 된장에 찍어 먹으면 소화도 잘될 뿐 아니라
톡 쏘는 특유의 풍미는 식욕을 돋워주고 입안을 한
층 상쾌하게 해 준다'며 양파 예찬론을 늘어놓았
다. 양파와 풋고추를 듬뿍 썰어 넣고 끓인 된장찌
개와 김치찌개는 그가 가장 좋아하는 음식으로 꼽
는다.

> 이만기는 씨름계의 살아 있는
> 전설이다. 황소 같은 늠름함으로
> 상대를 제압해 국민의 뇌리에
> 불사조처럼 각인돼 있다.

　　사실 과학적으로 입증된 양파와 풋고추의 효능은 놀랍다. 양파
는 혈액 속의 불필요한 지방과 콜레스테롤, 혈전 등을 없애 신진대
사를 촉진시킨다. 풋고추는 비타민 C가 풍부하며 비타민 A와 각
종 미네랄이 많아 항산화 작용이 뛰어나다. 그래서 이 두 가지는
'젊음의 식품'으로 불린다.

　　이만기는 씨름 선수들 가운데 덩치가 작은 편이었다. 거인 이봉
걸과 한 판 붙는 장면은 골리앗과 다윗의 혈투를 연상시켰다. 싸
움 때마다 집채만 한 골리앗들이 다윗의 '배지기' 기술 한 판에 퍽
퍽 나가 떨어졌다. 야문 기술력에 더해진 맵찬 공격성은 풋고추와
양파의 신선하고 매운 맛에 근원이 닿아 있었을 것이란 생각을 해
본다.

　　그는 천생 씨름 인생이다. 천하장사란 것이 자신을 위해 만들어
진 것처럼 느껴질 때가 종종 있다고 말한다. 씨름은 그의 운명이었
다. 아버지는 그런 아들에게 입버릇처럼 "공부 잘 하냐"대신 "씨름
잘 하냐"고 물으셨다. 씨름 선수로서의 힘은 아버지에게서 물려받
았다고 한다.

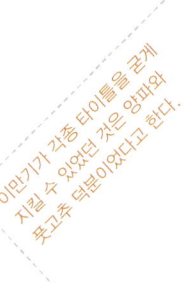

이만기가 각종 타이틀을 굳게 지킬 수 있었던 것은 양파와 풋고추 덕분이었다고 한다.

　그런 아버지는 그가 제1회 천하장사 타이틀을 따는 순간 너무나 기뻐 펄쩍펄쩍 뛰다가 낮은 농가 천정에 머리를 찧는 사고를 당하기도 했단다.

　이 교수는 요즘 샅바를 고쳐 매고 더 큰 인생의 모래판 위에 섰다. 체육문화계의 길잡이가 되어 바쁘게 하루하루를 살면서 자신의 경험과 지혜가 이 세상을 위해 이롭게 쓰이도록 펼쳐놓고 있다.

　그런 그가 요즘 지키는 또 하나의 건강 화두는 '소식다동(小食多動)' 즉 '적게 먹고 많이 움직인다'이다.

　건강한 삶, 행복한 인생은 적게 잘 먹는 것과 부지런히 행동하는 데서 찾아진다는 이 건강 철학은 그가 제2의 인생 모래판에서 '불멸(不滅)'로 남기 위해 지켜갈 좌우명이다.

시골밥상,
자연주의 살림꾼

가정주부에게 힘든 살림을 예술의 경지로 끌어올린 이가 있다. '보자기 아티스트' '살림 스타' 등의 수식어가 따라다니는 자연주의 살림꾼, 이효재다.

효재는 본래 한복 등 의류 디자이너다. 매운 바느질 손끝도 유전되는지 어머니가 하던 한복집 일을 물려받아 20년 넘게 해오고 있다. TV 대하사극에 출연하는 탤런트들의 옷을 직접 많이 만들어 방송가에 이름이 널리 알려진 인물이다.

한복뿐이 아니다. 살림하는 여자들에게 필요한 앞치마와 보자기, 방석, 베개 등도 만든다. 특히 그녀는 다양한 모양과 색깔의 보자기를 제작하고 그것으로 물건을 예쁘게 싸는 재주를 지녔다. 독창적인 아이디어로 헌 것도 명품으로 탈바꿈시키는 살림 예술가다.

의류와 보자기 등만이 아니라 생활 전체가 그녀의 관심사다. 한

생활환경을 아름답게 가꾸다보니 그에게 살림은
고단한 일이 아니라 즐거운 창작이 된 지 오래다.

마디로 예쁘게 포장하고, 진열하고, 정갈하게 다듬어 내놓아 사람
들을 감동시키는 게 그녀가 하는 일이다. 이렇듯 생활환경을 아름
답게 가꾸다보니 그녀에게 살림은 고단한 일이 아니라 즐거운 '창
작'이 된 지 오래다.

　살림 가운데 빼놓을 수 없는 게 식생활이고 보면 그녀의 재주는
음식 만드는 일에서도 독창적으로 발휘된다. 효재는 자연에 널린
풀과 꽃과 채소를 식탁에 올린다. 그녀의 주방 살림의 세 가지 큰
오브제는 '자연'과 '전통'과 '소박함'이다. 이 셋을 정성껏 눈썰미 있
게 조합해 바늘과 실로 옷 짓듯 '즐거운 놀이'를 한다.

깨진 항아리 조각에
솔잎 두둑이 깔고
삼겹살구이를 얹어내면
사람들은 감동하느라,
먹느라 정신이 없다.

이를 테면 텃밭 채소로 정갈하게 차려내는 '시골 밥상'이나 뒤뜰의 자연을 담은 '소박한 음식'이 그녀의 관심사다. 쉬운 예로 밭두둑에 돋아난 햇쑥을 뜯어 풋콩과 함께 멥쌀가루에 버무려 익히면 먹음직스런 쑥버무리가 된다. 옻순김치, 녹차무말랭이, 질경이나물, 비름나물 등을 곤드레나물밥, 조밥, 고구마밥 등과 함께 소박하게 차려내기도 한다. 반찬은 가짓수가 적고 요란하게 양념하지도 않아 심심해 보이지만 사람들은 너무나 맛있게 먹는다.

텃밭에서 향기 진한 깻잎과 싱싱한 상추 몇 장 따고 돌밭에서 도라지, 더덕을 캐내 해묵은 쌈장과 함께 장만한 밥상은 자연과 참 많이 닮았다. 색깔과 맛이 요란한 서양음식이나 기름진 중화요리에 비하면 거칠고 투박해보일지 모르지만, 한번 맛본 이들은 그 정갈하고 담백한 맛에 금세 반하고 만다.

그녀의 손끝에서 탄생한 청국장쌈밥은 '맛의 걸작'이다. 끈적끈적한 청국장에 실파와 풋고추를 썰어 넣고 까나리액젓을 섞어 생김, 쌀밥 등과 함께 낸다. 누가 그이처럼 생김에 쌀밥과 청국장요리를 함께 얹어 한 쌈씩 먹을 생각을 또 했겠는가.

그런가 하면 연잎밥은 여름날 시골 연못에 무성히 드리워지는 연의 넓은 잎을 응용해 만드는 음식이다. 억센 잎을 따 시들시들하게 말려 두었다가 소금물에 충분히 불려 찐 찹쌀을 얹는다. 그 위에 밥밑콩이나 은행을 올려 다시 쪄내면 연향 그윽한 연잎밥이 된다. 여느 가정주부도 정경부인 못잖게 음식 사치를 누릴 수 있게 해주는 별미 요리다.

그녀의 손길이 닿으면 못 쓰게 된 살림살이도 기품 있는 생활도구가 된다. 깨진 항아리 조각에 솔잎 두둑이 깔고 삼겹살구이나 갈비찜을 얹어내면 사람들은 감탄사를 흘리며 정신없이 먹는다. 심지어 산촌에 흔한 칡꽃과 어린 칡잎도 구운 식빵에 얹어 꿀물과

효재의 손끝에 닿으면
감기에 흔한 풀, 꽃과 과일도
예술품이 된다.

함께 내면 훌륭한 간식이 된다.

그녀의 살림 놀이터(?)는 서울 경복궁 옆 한복집과 그가 생활하는 길상사 부근 '효재'다. 그녀가 작업하는 공간은 TV에서나 볼 수 있는 인기 연예인들과 대한민국 리빙 매거진 기자들의 발길이 끊이지 않는다. 최근에는 욘사마, 배용준의 소개로 일본에 많이 알려져 일본 관광객들도 구름처럼 몰려든다. 그들을 맞이해 대한민국 홍보대사 역할까지 하느라 눈 코 뜰 새 없이 바쁘다.

그녀의 살림 솜씨를 돌아보고 맛보는 이들마다 감탄사를 아끼지 않는다.

"여우방망이 같애! 어쩜 이렇게 예쁘고 맛있을까."

그녀에게 반한 소설가 이외수는 어느 날 몇 자 적은 종이에 자신의 낙관을 찍어 보내주기도 했다.

'효재의 손끝에 닿으면 누더기 헝겊도 선녀의 날개옷이 되고, 초근목피도 진수성찬이 된다.'

그녀의 살림 솜씨를 상징적으로 잘 나타낸 표현이다.

이제 효재는 어느덧 자신의 재능으로 가정을 건강하게 하고 나아가 대한민국을 아름답게 하는 '살림의 여왕'이 되었다. 그이는 이 나라 주부들이 가장 닮고 싶어 하는, 이 시대 여자들의 로망이다.

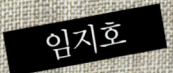

野하게 먹는다

셰프 임지호. 그는 '야(野)하게 먹는' 사람이다. 주변에 지천인 풀들을 식재료로 쓰고 때로 꽃이나 나무껍질, 심지어 이끼까지 요리에 이용한다. 이렇게 늘 자연에서 먹을거리를 찾는다. 그래서 사람들이 그에게 붙여준 호칭이 '자연요리연구가'다.

요즘 우리네 식탁은 자연에서 너무 멀어져 버렸다. 온갖 가공식품과 수입식품이 넘쳐나고 대신 신선한 '자연'은 밥상에서 밀려났다. 사람들은 식재료를 마트나 시장에 가야지만 구할 수 있다고 생각한다. 그런데 실상 집 주위엔 음식 소재가 널렸다. 잘 다듬어내면 맛있고 건강도 보호해주는 훌륭한 풀, 나무, 꽃들이다. 다만 우리에겐 그것을 찾아내는 안목이 부족할 뿐이다. 안목을 기르고자 해도 자본주의 사회의 바쁜 일상이 이를 허용치 않는다.

사정이 그렇더라도 어떻게 해서든 '자연'을 식탁에 올리려는 노

셰프 임지호는
주변에 지천인 풀들을
식재료로 쓰고
때로 꽃이나 나무껍질,
심지어 이끼까지
요리에 이용한다.

력은 기울여야 한다. 그것이 자신의 육체를 건전히 하는 일이고 가
족의 건강을 지켜내는 지름길이다.

　임지호는 '야하게' 먹기 위해 사철 집 주위를 기웃거린다. 때로는
채취 가방을 메고 산천을 방랑하기도 한다. 그에겐 온 산과 들의
잡풀들이 먹을거리요, 약이다. 사람들은 대수롭지 않게 보고 지나
치지만 그는 들녘과 산골에 돋아난 풀들만 보면 신이 난다. 그곳
주민들에게 필요하니까 바로 거기서 자라고 있다고 생각한다. 이

름 모를 풀들도 다 존재 이유가 있다. 이 세상에 쓸모없는 풀, 나무, 꽃은 없다는 게 그의 식이철학이다.

오히려 시골에 제멋대로 자라는 것들은 쓸모없는 게 아니라 자연 속의 보물들이다. 풀잎을 가만히 들여다보면 꼭 우리네 세포조직처럼 보인다. 우리의 살을 키워주고 보호해주는 조직이다. 그러니 이를 잘 조리해 먹으면 '먹는 보물'이 된다.

이렇듯 사방에 진귀한 보물들을 내버려두고 오늘도 사람들은 마트로 달려간다. 오랜 이동거리로 지친 수입식품과 화학물질 범벅인 가공식품을 쇼핑하고, 집에 돌아와 기계적으로 밥상에 올리며, 다시 로봇처럼 먹는다. 뭔가 질서에서 벗어난 생활이다. 안타깝다.

인간사회의 이같은 혼돈과 달리 철따라 산촌에서는 산나물과 풀들의 향연이 펼쳐진다. 숲 속과 골짝마다 산의 기운 머금고 자란 것들이 수줍게 고개를 내민다.

눈개승마, 두메부추, 파드득나물, 전호, 영아자, 어수리, 잔대 등 이름조차 생소한 것들도 많다. 맛도 독특하다. 전호는 달콤한 맛이 일품이고 눈개승마는 쇠고기 맛도 난다. 잔대는 고소한 맛이 나는데 면역력도 높여줘 약이 되는 산나물이라 할 수 있다.

들녘에선 대지의 약(藥)들이 돋아난다. 맛이 고소해 입에 쩍쩍 달라붙는 쇠비름, 인삼 맛 나는 씀바귀, 쌉싸래한 맛의 민들레 등 눈에 들어오는 것이 거의 다 좋은 먹을거리들이다. 심지어 사람들이 잡초로 여기는 개망초도 잘 삶아 양념에 무쳐내면 맛있는 나물이 된다.

버들강아지는 떡 만들 때 넣어 익히면 색다른 맛을 준다. 누가 봐도 소나 뜯어먹는 풀로 생각하는 나락나물도 꽃 피기 전의 새순을 채취하면 부드러워 날것으로 무쳐먹거나 된장국에 넣어 먹기 좋다. 곰밤부리는 보리순과 함께 된장국으로 끓여 먹으면 향긋한

임지호의 레스토랑 '산당'은 정병국 전 문화체육관광부 장관, 홍콩 식신(食神) 차이란(蔡瀾) 등이 즐겨 찾는 음식 명소다.

맛이 봄날의 별미다.

임 셰프는 이들을 채취해 와 서울과 경기도 양평에서 자신이 직접 운영하는 레스토랑 '산당'에서 손님들에게 제공한다. 손님들은 기가 절정에 달했을 때 뜯어낸 자연의 식재료에 세계 최고의 요리사 솜씨가 보태졌으니 그 맛에 감탄할 수밖에 없다.

싱가포르의 리콴유(李光耀) 전 총리가 그의 음식 맛에 감탄했으며, 세계적인 요리전문지 〈푸드 아트(Food Art)〉는 지난 2006년 그를 표지모델로 등장시켰다. 소설가 이외수가 잡초로 만든 그의 요리를 먹고 병이 나은 것은 '치유의 일화'로 남아 있다. SBS는 스페셜 프로그램으로 전국을 떠돌며 잡초와 산야초로 맛있는 음식을 만들어주는 그를 방영해 선풍적 인기를 모았다.

그는 오늘도 걸망을 메고 집 주변으로 나선다. 때론 차를 타고 시골로도 향한다. 그는 '방랑 식객'이다. 하루라도 그 계절이 선사하는 자연의 식재료들을 좇지 않으면 좀이 쑤셔 살 수가 없다.

우리는 바쁘단 핑계만 대지 말고 그의 자연관과 음식관을 닮을 필요가 있다. 그처럼 자연의 식재료를 찾아내는 안목을 기르고, '야하게' 먹는 습관을 들일 필요가 있다.

먹는 보물, 산나물 & 들나물

우리나라는 산이 많고 계곡이 깊어 산나물, 들나물이 지천으로 자란다. 팔도가 갖가지 진귀한 나물의 보고다. 가도 가도 평야지만 나오는 외국에서 부러워하는 우리나라의 장점이다. 평야지만 뻗친 곳에서는 정해진 채소들이나 재배해 먹어야 하지만, 우리네 금수강산은 철따라 요런조런 산나물, 들나물을 내밀어 미각을 즐겁게 한다. 이런 나물들은 우리 건강을 지탱해주는 우수한 먹을거리들이다. 요즘은 재배해 마트에 출하하는 것들도 있고, 택배로 도시 가정까지 배달해주는 농가들도 많다. 이런 나물을 요리조리 찾아내 식탁에 올리는 주부야말로 가족 건강의 일등공신이다.

개미취 여느 산나물과 달리 향긋한 맛이 없고 풋내와 쓴맛, 아린 맛이 감돈다. 야성을 고스란히 지닌 산나물이다. 쌈채소로 이용하거나 쌀과 함께 죽으로 쒀 먹으면 제격이다. 발암물질 억제 효과가 뛰어나며 천식과 만성기관지염 치료에도 효과적이다.

두메부추 마늘 같은 매운 맛이 나지만 강하지 않아 거부감 없이 먹을 수 있다. 잃었던 입맛을 되찾아주는 알칼리성 식품이다. 비타민과 무기질 함량은 양파의 두 배. 채소를 요리할 때 마늘의 톡 쏘는 맛이 부담스러운 사람은 마늘 대신 두메부추를 사용하면 좋다.

곤드레 고려엉겅퀴 나물이다. 생나물을 삶아 말려두었다가 곤드레나물밥으로 만들어 먹는다. 다른 산나물과 달리 부드러워 참기름, 강된장 등과 함께 밥에 넣어 비비면 최고의 비빔밥이 된다. 은은한 향이 감격스럽다.

곰취 봄철에 곰취를 안 먹는 것은 대자연의 은혜를 거부하는 것과 같다. 향미가 산나물의 으뜸이다. 밥 한 술에 고추장이면 최고의 곰취쌈이 된다. 가난한 가정일지라도 상차림을 빛나게 하는 산나물이다. 돼지고기 등의 누린내를 잡기에도 좋다.

눈개승마 쇠고기 맛이 난다 해서 일부 지역에서는 '고기 나물'이라고도 부른다. 고사리 대용으로 닭곰탕이나 영양탕을 끓일 때 넣으면 좋다. 인삼처럼 사

포닌 성분을 함유하고 있다. 뇌경색, 심근경색 등의 예방, 치료에 효과적인 것으로 알려져 있다.

모싯대 산촌에서 깻잎이나 상추 대신 쌈으로 이용하던 나물이다. 쌉싸래하지만 잘 씹으면 달착지근한 맛도 난다. 날것을 된장에 찍어 먹으면 향이 생생하게 혀끝에 전달된다. 채소와 함께 샐러드로 만들어 먹으면 음식의 품격이 높아진다. 거담, 해독 기능이 있다.

파드득나물 참나물과 미나리 맛을 합쳐놓은 것 같은 맛이다. 부드러워 날것을 초고추장에 무치거나 다른 채소와 함께 샐러드로 요리해 먹어도 맛있다. 피부 미용 효과가 있다.

우산나물 장난감 우산을 접어놓은 것 같은 식물이다. 제습, 해독 작용을 해 뼈마디가 쑤시거나 팔다리를 굽혔다 폈다 하기 어려운 이들에게 좋다고 한다. 연한 잎은 향기가 있어 날로 먹기에 좋다. 무치거나 볶아 먹

어도 그만이고 밀가루를 입혀 튀겨 먹어도 된다.

방풍 풍을 막아준다고 해 그런 이름이 붙었다. 요즘 봄철이면 포항 일대에서 시금치 대신 많이 재배한다. 잎이 다소 뻣뻣하지만 살짝 데치면 부드럽다. 서양의 허브 못잖게 향미가 탁월한 우리 산나물이다.

수리취 어린 잎을 살짝 데친 다음 물에 우려내 쌈으로 싸 먹거나 무쳐 먹던 산나물이다. 단옷날 수리취떡으로 만들어 먹기도 했고 쌀을 아끼기 위해 죽으로 쒀 먹기도 했다. 불에 탄 육류의 발암물질 배출에 탁월한 효과가 있다.

전호 봄철이면 대형마트에서 볼 수 있다. 줄기 아래는 미나리처럼 불그스름하고 잎은 당근 잎을 닮았다. 잎을 줄기와 함께 생으로 양념해 먹으면 향긋한 맛이 일품이다. 물에 데쳐 냉장고에 보관하면 오래도록 두고 먹을 수 있다.

쌈밥 좋아하는 미소천사

방송인 정은아를 모르는 한국인은 별로 없을 것이다. 〈비타민〉
〈열린 음악회〉〈TV는 사랑을 싣고〉〈아침 마당〉 등 그녀가 진행
한 TV 인기 프로그램이 적잖다. 그녀는 프로그램을 진행하면서
절제된 균형 감각과 품격을 유지하고 순간순간 발랄한 끼와 유머
감각으로 시청자들을 사로잡아 대한민국의 톱 MC 반열에 오른
지 오래다.

1965년생으로 나이 쉰을 목전에 두고 있지만 그녀는 아직도 소
녀처럼 상큼하다. 언제 봐도 청순한 미소 천사다. 이런 이미지는
어디서 나오는 것일까. 물론 타고난 밝은 성격에 노력이 더해진 결
과이겠지만, 그녀가 즐겨먹는 쌈밥과도 일정 부분 상관관계가 있
으리란 추론을 해본다.

정은아는 한 언론 매체에 '눈과 입을 즐겁게 해주는 상추'란 글

방송인 정은아에게 상추 등
쌈채소는 언제나 눈과 입을
즐겁게 해준다.

을 기고한 적이 있다. 이 글에서 그녀는 자기 집 식탁에 빠지지 않
고 오르는 것이 상추라고 적었다. 보드라운 촉감에 아삭아삭 씹히
고 쌉싸래한 맛이 일품인 상추는 언제나 입안을 행복하게 한다는
것이다.

　그 글을 읽다 보니 정은아의 싱그러운 이미지와 상추의 풋풋
함이 일백상통 한다는 생각이 들었다. '먹는 것이 그 사람을 만든
다.(You are what you eat.)'는 서양속담도 근거 없는 말이 아님을 확인
하는 순간이었다. 더구나 그녀는 성격마저 상추처럼 보들보들하지
않은가.

　기실 상추는 물에서 갓 건져내 접시에 보기 좋게 담아 내놓으면
식탁이 더할 나위 없이 싱그럽고 풍성해진다. 적상추와 청상추를
반반 올려 색감을 더하고 쑥갓과 깻잎 몇 장을 곁들이면 금상첨화

다양한 컬러에 향미마저 독특한 쌈채소를 풍성하게 식탁에 올리면 9첩 반상도 부러울 것이 없다.

다. 상추 한 장에 쑥갓과 밥 한 술 혹은 고기 한 점 올리고 쌈장을 곁들여 입에 넣으면 행복감이 그만이다. 한국인의 독특한 식생활 문화 그 자체다.

시골서 자란 기성세대들은 채마밭에서 직접 뜯은 상추를 물이 뚝뚝 흐르는 채로 소쿠리에 올려 쌈을 싸먹던 기억들이 있다. 요즘은 주말농장이 그 역할을 대신한다.

쌈밥을 맛나게 먹고 나면 졸음이 쏟아지기 일쑤다. 상추가 지닌 흰 액체의 수면 효과 때문이다. 여름날 대청마루에서 그렇게 편하게 오수(午睡)를 즐기고 나면 임금님 부러울 것 없었다.

요즘은 상추 외에도 다양한 쌈채소가 나온다. 서양채소들이 도입된 덕분이다. 비트잎, 셀러리, 양상추, 차조기, 로메인, 오클리프, 뉴그린, 코스타마리, 슈가로프, 다채, 겨자채, 근대, 청경채, 신선초 등 종류가 많다.

우리 채소 가운데는 방풍, 취나물, 모시대, 당귀싹, 전호, 곰취, 곤달비, 돌미나리, 참나물 등이 시장에 나온다. 허브의 일종인 회향, 로즈마리, 민트, 바질 등도 쌈채소로 한 몫 한다.

이들을 소쿠리에 풍성하게 얹어 식탁에 올리면 9첩 반상도 부러울 것 없다. 그야말로 웰빙음식이다. 더욱이 붉은색, 노란색 등 다양한 컬러에 생김새도 제각각이고 향미(香味)마저 독특하니 정은아의 말대로 눈과 입이 즐거워지지 않을 수 없다.

정은아 역시 다양한 쌈채소로 마련한 쌈밥을 즐긴다고 한다. 신선초, 양상추, 호박잎, 치커리 등을 한 가지씩 된장에 찍어 먹고 나중에 밥을 된장찌개와 함께 먹는 재미에 푹 빠진다. 그러고도 늘 쌈밥집을 찾는 그녀를 보고 방송국 동료들은 한 쌈씩 입에 넣으며 한마디씩 던진다. "어이구! 미식가는 다르시군."

오늘날의 건강식은 상다리 부러지게 차린 진수성찬이 아니다.

오늘날의 건강식은 상다리 부러지게 차린 진수성찬이 아니다. 소박하게 차린 '쌈밥이야말로 먹는 보물'이다.

성인병 막아주고 생활에 활력을 불어넣는 쌈밥이야말로 건강식이다. 이들 채소가 지닌 약성을 감안하면 더욱 그렇다.

방풍(防風)은 중풍을 막아준다고 해서 그런 이름이다. 실제 이나물이 주는 향미는 혈중 콜레스테롤과 지질을 없애고 혈전을 녹이는 역할을 한다. 당귀싹도 비슷한 작용을 하며 빈혈과 생리통 완화에도 좋다. 겨자채는 살균효과가 있어 생선회에 곁들이면 좋고, 신선초는 카로틴과 플라보노이드 등 항산화성분이 풍부해 암 예방에 도움을 준다.

쌈채소는 이렇듯 각기 독특한 약성을 지닌 '먹는 보물'들이다. 그러므로 쌈밥을 가까이하면 정은아처럼 싱그럽고 해맑은 인생이 되지 않을까 싶다.

다만 쌈채소는 장을 볼 때 가능한 한 '친환경' 표시가 있는 것을 사야 한다. 농약이 많이 잔류한 것은 농약성분 중의 환경호르몬이 건강을 해칠 수 있다.

허브 쌈밥을 아시나요

친한 사람끼리 왁자지껄한 분위기에서 나물, 고기, 된장 등을 얹은 쌈밥을 볼이 미어터져라 꽉꽉 씹어 먹는 것은 한국인의 독특한 음식문화다. 이러한 음식문화를 더욱 멋들어지게 만드는 것이 있다. 바로 서양에서 전래된 허브다.

허브는 관상용 식물로 많이 알려져 있는데, 개중엔 향채소로 독특한 역할을 하는 것들이 많다. 애플민트란 허브는 삼계탕에 몇 잎 띄워 내면 사과향이 은은히 감돌아 음식의 품격이 달라진다. 솔잎 향 나는 로즈마리를 몇 잎 으깨어 돼지고기 요리에 섞으면 역한 맛이 제거된다. 타라곤이란 강한 향미의 허브는 양고기의 누린내를 제거하기에 제격이다.

상추, 깻잎과 몇 가지 서양채소들이 흔히 쌈채소로 이용되는데 여기에 '향미'가 특징인 허브를 몇 가지 곁들이면 쌈밥의 맛이 황홀해진다. 이름하여 '허브 쌈밥'이다.

쌈 재료로 쓸 만한 허브는 레몬밤, 파인애플민트, 홀리바질, 보리지, 러비지, 처빌, 나스터튬, 딜, 애플민트 등 종류가 매우 많다. 대형마트나 인근의 허브 가든에서 이들 허브를 신선한 상태로 구입할 수 있다.

요리가 식탁에 차려지면 손바닥에 쌈채소를 펼치고 그 위에 고기나 생선회, 밥 등을 올린다. 그리고는 그 위에 싱싱한 허브 잎을 두어 장 올리고 쌈장을 추가한다. 이것을 둘둘 말아 입에 넣고 씹는 기분이란!

서양의 허브와 우리네 쌈장이 어우러져 빚어내는 희한한 맛! 채소의 쌉싸래함과 고기의 고소함, 거기에 허브의 향미가 악센트를 더해 절묘한 맛의 하모니를 연출한다.

그래서 이런저런 맛에 이끌려 이것으로도 한 쌈, 저것으로도 한 쌈 싸먹다 보면 어느새 불판 위의 고기가 다 사라지고 밥 한 그릇이 뚝딱 비워진다. 무슨 화려한 산해진미는 아니지만 입맛이 절로 돌게 만드는, 가장 평범한 만찬인 셈이다.

조수미

맵고 향 강한 음식 피하는
천상의 목소리

노래하는 사람에게 목소리는 목숨과도 같다. 간혹 성대에 문제가 생겨 외과 수술을 받거나 아예 가수로서의 직업을 포기하는 이도 본다. 가요계의 제왕으로 일컬어지는 조용필이 젊은 시절 음정 가다듬는 노력을 하도 많이 해 피를 토했다는 얘기도 있다. 목소리를 탁월하게 잘 가꾸는 일은 모든 대중가요 가수나 성악가들이 절실히 바라는 점이다.

조수미는 '신이 내린 목소리'란 별칭을 지닌 가요계의 프리마 돈나다. 이는 그녀를 길러낸 세계적 지휘자 헤르베르트 폰 카라얀(Herbert von Karajan)이 붙인 별명이다. 주빈 메타(Zubin Mehta)는 '100년에 한 명 나올까 말까 한 목소리'라고 극찬하기도 했다. 이들의 찬사가 아니더라도 한번쯤 그녀의 노래에 귀 기울이면 이 시대 음악계의 거장들이 왜 그런 말을 했는지 금세 알 수 있게 된다.

그녀의 노래는 사람들의 영혼을 어떤 숭고하고 아름다운 세계로 인도한다. 그녀가 부르는 〈아베마리아〉는 사람의 노래가 아니다. 천상의 여인이 아니고서야 어떻게 그와 같은 절절한 음정을 낼 수 있는가. 그녀가 〈오, 사랑스런 여인이여!〉를 부를 때나 〈밤의 여왕 아리아〉를 절창할 때도 사정은 마찬가지다. 애잔한 옥타브가 듣는 이의 가슴을 저미고 눈가에는 어느덧 감동의 눈물이 스치게 만든다. 음정이 놀라울 정도로 아름다운 소프라노들이 많지만, 그녀야말로 금세기가 낳은 이 시대 오페라 무대의 디바라 할 수 있다.

그런 그녀의 탁월한 목소리는 타고난 측면이 많다. 그녀의 어머니는 젊은 시절 성악가를 꿈꾸었을 정도로 고운 목소리를 지녔다고 한다. 그런 어머니에게서 유전적으로 물려받은 자질이 좋은 토양이 되었을 것임은 분명하다. 그녀는 한 매스컴과의 인터뷰에서 "어머니는 저의 태교를 위해 마리아 칼라스(Maria Callas)와 레나타 테발디(Renata Tebaldi) 등의 오페라 음반을 즐겨들으셨고, 태중의 저

그녀의 노래는
사람들의 영혼을
숭고하고 아름다운
세계로 인도한다.
'신이 내린 목소리'란
수식어에 걸맞다.

그녀는 성대 보호를 위해 너무 맵고 향이 강한 음식은 피한다. 차가운 음식이나 뜨거운 것도 먹지 않는다고 한다.

를 위해 고운 목소리로 노래를 불러 주셨어요. 그런 어머니의 사랑과 보살핌으로 제가 음악의 길을 걸을 수 있는 감수성을 키워 나갈 수 있었습니다."라고 고백한 적도 있다.

그러나 아무리 타고난 목소리라고 해도 노력과 열정이 없었더라면 '천상의 목소리'란 호칭이 따라다니지 못했을 것이다. 언어도 문화도 너무 다른 유럽으로 건너가 피나는 노력을 기울인 결과 각종 국제 유명 콩쿠르를 휩쓸고 주요 오페라 무대마다 주인공 자리를 꿰찼다. 이제 그녀의 목소리는 그녀만의 걸작으로서 세계 최고의 악기가 되었다.

음식은 그런 조수미의 목소리를 빛나게 하는 데 조연 역할을 했다고 볼 수 있다. 어떤 먹을거리가 직접적으로 그녀의 매력적인 목소리 창출에 기여했다고 단정하긴 어렵다. 그러나 그녀가 신문방송이나 음악전문지들과의 인터뷰에서 밝힌 것을 보면 큰 무대를 앞두고 목소리를 잘 유지하기 위해 조심하는 모습을 간간이 엿볼 수 있다.

그녀는 성대 보호를 위해 너무 맵고 향이 강한 음식은 피한다고 말한다. 차가운 음식이나 뜨거운 것도 먹지 않는다고 한다. 큰 소리 내는 것도 삼가고 목청껏 울고 싶어도 목이 쉴까봐 울음을 참는다고 한다. 초콜릿이나 아이스크림은 목에 안 좋아 성악가들에게 금기시된다. 그러나 스트레스가 심할 때는 공연이 없는 날을 택해 초콜릿을 먹어준다. 금기시되는 것도 한번쯤 먹어주면 릴렉스에 도움이 된다는 것이다.

튀긴 음식은 되도록이면 피한다. 살이 찌면 안되기 때문이다. 그녀는 그동안 오페라에서 맡은 역할이 소녀나 사랑에 빠진 젊은 여성 역이어서 몸집이 커지면 곤란하다는 생각을 갖고 있다. 그래서 다이어트도 하고 운동도 열심히 해 가느란 몸매를 유지하려 애쓴다. 이런 이유로 공연차 이 나라 저 나라 여행할 때도 꼭 피트

조수미는 성대 보호를 위해 너무 맵고 향기 강한 음식과 차가운 음식을 피한다.

니스 센터가 있는 호텔에만 투숙하게 된다고 한다.

　녹음에 얽힌 재미난 에피소드들도 있다. 언젠가 크로스 오버 앨범 〈비 해피(Be Happy)〉를 취입할 때는 목소리를 걸쭉하게 하기 위해 일부러 와인을 하루에 한 병씩 마셨다. 〈조니 투 바로크(Journey to Baroque)〉를 녹음할 때는 물보다 투명한 목소리를 내려고 조리가 되지 않은 음식을 먹어보기도 했다. 최고의 음정을 잘 유지하기 위해 구석구석 신경 쓰는 조수미의 독특한 면모다.

　세계적인 성악가 안드레아 보첼리(Andrea Bocelli)는 큰 공연을 앞두고 하루쯤 아무 말도 하지 않는 묵언수행을 한다고 한다. 마찬가지로 조수미도 목소리 관리를 위해 청교도 같은 생활을 한다. 수도원에서처럼 절제되고 규칙적인 생활을 해야 한다.

　그녀는 일찍이 한 남자의 아내, 아이들의 엄마로서의 평범한 생활을 포기한 여성이다. 그래서 세계무대를 누비는 프리마돈나라는 화려한 타이틀 뒤에는 늘 청교도 같은 고독이 함께 한다.

　그러나 혼자여도 음악을 좋아하는 만인의 연인이어서 행복하다. 그들을 가슴에 품고 그들에게 또 다른 감동을 선사하기 위해 오늘도 그녀는 음정 예쁜 여자로 남으려는 노력을 게을리 하지 않는다.

조수빈

감귤로 가꾼 미모와
고운 목소리

최근까지 KBS 9시 뉴스를 진행해 온 조수빈 앵커는 날마다 TV 화면을 장식한 보석 같은 인물이다. 밤마다 밝은 달처럼 나타나 시청자들에게 복스러운 느낌을 선사했다. 하얀 피부에 이지적인 눈동자, 출중한 미모가 언제 봐도 매력적이다.

항상 편안하고 차분한 톤으로 뉴스를 전달해 왔는데, 수년째 같은 일을 하면서도 토씨 하나 틀리게 말한 적이 없다. 그만큼 아나운서로서 앵커 멘트에 완벽을 기한다. 메인 뉴스 앵커로서 그렇게 장수했으니 이제 '국민 앵커'라 불러도 손색이 없을 듯하다.

그녀가 앵커로 대성할 재목임은 이미 학창시절에 확인되었다. 어릴 때부터 꿈이 아나운서와 앵커였으며 그에 필요한 국어 공부를 아주 좋아한 것이다. '넌 발표를 잘하니까 앵커를 하면 어울리겠다'고 말한 담임선생의 칭찬이 큰 용기가 됐다고 한다.

그녀는 TV 화면의 보석 같은 존재다. 메인 뉴스 앵커로
수년째 장수했으니 이제 '국민 앵커'라 불러도 손색이 없다.

　서울대 언어학과를 졸업했으며 영어와 일어를 네이티브 스피커
수준으로 구사한다. 터키어와 중국어도 대화에 불편함이 없을 정
도로 말할 줄 아니 '언어 천재'라 해도 틀리지 않다.
　대학 재학시절엔 '월드 미스 유니버시티' 한국 대표로 뽑혀 세계
대회에 출전한 경력도 있다. 대학 졸업 전에 유력 일간지 인턴 기
자로도 활약했다. 그러다가 수천 대 일의 경쟁을 뚫고 아나운서
공채 시험에 합격했다. 아나운서 시험에 합격해 출근을 하기 전에
도 매일 뉴스 읽기 연습을 했다. 앵커가 되려고 준비할 때도 한 점
후회되지 않을 만큼 최선을 다했다고 한다.
　그러다 마침내 앵커로서 9시 뉴스를 진행하게 되자 그녀의 천부

적인 능력이 발휘되기 시작했다. 시청자들은 무엇에 홀린 듯 그녀의 미모와 미성(美聲)에 빨려 들어갔다. 방송국 안팎에서 감탄사가 터져 나왔다. '하늘이 내린 앵커'란 찬사도 따라다녔다.

무엇보다 편안한 성격이 묻어나는 '천연 미인'의 모습이 그녀의 압권이다. 사과나무에 풍성하게 열린 사과처럼 얼굴 가득 자리 잡은 복스러움을 시청자들에게 부지런히 나눠주는 듯한 모습이다. 그러니 그 시간대면 시청자들의 채널이 그녀에게로 향할 수밖에 없다.

이쯤 되면 독자들은 무엇이 그녀의 미모와 매력적인 목소리를 가꾸는 밑바탕이 됐는지 궁금해하지 않을 수 없을 것이다. 필자는

그녀에게 고운 음성의 비결이 무엇이냐고 물어보았다. 그러자 돌아온 대답은 의외로 간단했다.

"찬 물은 거의 마시지 않고 따뜻한 물만 마셔요. 물을 매우 많이 마시는 편입니다."

성악가 조수미가 음정 보호를 위해 찬 물을 마시지 않는다고 했는데, 그녀도 그랬던 것이다.

물은 고운 피부 유지와도 관련이 있을 것이다. 몸 안의 독소 배출을 위한 순기능을 담당하니까. 우윳빛 피부 가꾸기와 건강 증진을 위해 신경 쓰는 점은 무엇이냐는 두 번째 질문에 그녀는 다음과

감귤은 제주도 출신인 그녀와 뗄 수 없는 인연이다. 조 앵커는 "마치 물 마시 듯 감귤을 먹었다"고 고백한다.

같이 답변했다.

"해산물과 채소를 좋아하는 편입니다. 육류로는 닭고기를 좋아해요. 맑은 피부 유지와 건강에 도움을 받는 식습관이에요. 그밖에 다른 육류와 인스턴트 음식은 잘 먹지 않아요. 또 한 가지 즐겨 먹는 것은 감귤입니다."

감귤은 조 앵커와 떼려야 뗄 수 없는 인연이다. 그녀는 제주도 출신이다. 게다가 아버지 조해진 씨가 농협에 근무해 어릴 때부터 감귤을 무척 많이 먹었다. 감귤이 그녀의 오늘의 상당 부분을 만들었다. '마치 물마시듯 감귤을 먹었다'고 하니 그녀의 이 과일에 대한 애정을 알 만하다. 그녀의 건강하고 싱그러운 피부는 물과 감귤이 결정한다고 해도 과언이 아니다.

그녀의 어머니 강순민 씨는 일찌감치 감귤을 이용한 독특한 미용법으로 딸의 아름다움을 가꿔주기도 했다. 감귤 팩 마사지다. 감귤을 강판에 갈아 준비한 즙에 다시마와 율무, 생콩가루를 섞어 마사지하는 것이다. 이것이 딸을 '천연 미인'으로 만드는 데 상당히 기여했다고 그녀는 자평한다. 그러고 보면 '자연 미인'과 좋은 목소리를 가꾸는 비결도 먼 데 있는 것이 아니다.

요즘 기계로 찍어낸 듯한 인공 미인들이 거리에 가득하다. 방학 기간이면 성형외과마다 문전성시를 이룬다. 피부 숍에 수천 만 원씩 갖다 바치는 여성들도 있다. 모두 예뻐지려는 발버둥인데, 조수빈 앵커와 너무 대비되는 현상이다.

서글서글한 동양 여인의 이목구비와 눈부신 피부를 감귤과 채소와 해산물, 그리고 닭고기 등 평범한 음식으로 가꾸는 그녀의 생활에서 뭇 여성들은 무엇인가 배울 필요가 있겠다. 따지고 보면 그녀의 성공은 신토불이 식습관과 일정 부분 상관관계가 있었다고도 할 수 있다.

그녀는 해산물과 채소 음식을 좋아하고 육류로는 닭고기를 즐겨 먹는다.

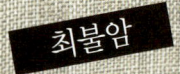

식사랑 농사랑 홍보대사

최불암은 인자한 아버지상의 국민 배우다. 22년간 방영된 MBC 드라마 《전원일기》에서 김 회장 역을 맡아 서민적이고 구수한 농촌 어른 이미지로 시청자들에게 다가갔다. 지금까지 그가 출연한 TV 드라마와 영화, CF 등은 셀 수 없을 정도로 많다. 탤런트로서의 대 국민 인지도와 출연 작품 수에서 그를 능가할 사람은 그리 많지 않다.

대학에서 연극영화학을 전공하고 국립극단 단원을 거쳐 방송국 탤런트로 입사한 뒤 일흔이 넘은 지금까지 본업에 충실해 왔으니, 배우로서 그가 쌓은 공적은 단연 돋보일 수밖에 없다. 고희(古稀)를 넘겼으면 체력이 달려 예비역으로 물러나 있을 법도 하거늘, 그는 아직도 현역이다. 최근 방영된 TV 드라마 《천상의 화원 곰배령》 《해피앤딩》 등에서도 한국의 대표적인 아버지상을 훌륭하게 각인

그가 나이에 상관없이
왕성한 활동을 할 수
있는 것은 그만큼
건강이 잘 받쳐주기
때문이다.

시켰다는 평가를 받고 있다.

  그가 이처럼 나이에 상관없이 왕성한 활동을 할 수 있는 것은
그만큼 건강이 잘 받쳐주기 때문이다. 그리고 그의 건강은 가장
한국적이고 서민적인 음식들이 보호해주고 있다.

  최불암은 우리 음식에 애정과 관심이 아주 많다. 한국의 아버지
상답게 식생활이 온전히 신토불이식이다. 건강을 위해 평소 무슨
음식을 좋아하느냐는 필자의 질문에 스스럼없이 김치찌개, 열무김
치, 잡곡밥 등을 열거한다. 말투에서도 노인 느낌이 전혀 묻어나지
않는다. 오히려 젊은이처럼 힘이 실려 있다. 훤칠한 키에 자세가
곧고 걸음걸이에서도 생기가 넘쳐난다.

  그는 "어릴 적 맛에 대한 기억이 평생을 간다"고 생각한다. 그의
현재 입맛도 소시 적 매일같이 먹던 음식 덕분이란다. 최불암은 지
난날을 생각하면 먹을거리가 부족했던 기억부터 떠올린다. 쌀이
매우 귀했던 시절이어서 쌀밥은 애당초 기대하기 힘들었다. 가끔
씩 할머니 밥상에 오른 포슬포슬한 쌀밥을 넘보던 기억이 새롭다.
그러면 할머니는 그 맛있는 쌀밥을 한 숟가락 푹 떠서 손자의 밥그
릇에 덜어주시곤 했다.

  당시 대부분의 식사는 보리, 콩과 수수, 좁쌀 등 잡곡으로 해결
해야 했다. 보드랍고 달콤한 쌀밥을 먹을 수 없어 아쉬웠지만, 지
금 생각해보면 그 잡곡밥이 최고의 건강식이었던 것 같다. 그 때의
맛 경험이 이어져 요즘도 잡곡밥을 즐긴다. 나이 들어서도 활력이
꺼지지 않도록 도와주는 건강의 일등공신이다.

  그는 인천 바닷가가 고향이다. 궁핍하게 살던 시절이라 반찬도

"보리밥 먹던 때의 기억을 못 잊어 아직도 김치깍두기와
열무김치를 항상 찾아요. 발효음식이어서 먹으면 속이 편안해요."

특별히 이렇다 할 것이 없었다. 바닷가 가정집답게 날마다 멸치,
간고등어, 몇몇 젓갈 등이 밥상에 올랐다. 소년 최불암은 물에 만
잡곡밥을 한 술 떠서 그 위에 비릿한 반찬들을 한 점씩 올려 먹곤
했다. 요즘도 그의 식습관은 그 당시와 크게 달라지지 않았다.

그는 잡곡밥 마니아답게 필자에게 "한국인치고 잡곡밥 안 좋아
하는 사람 있겠소?" 하고 반문한다. 그러나 그의 말은 틀렸다. 나
이 지긋한 세대에겐 대체로 맞지만 젊은이들에겐 맞지 않는다. 흰
쌀밥 위주의 식사나 밀가루 음식에 경도된 이들은 그의 잡곡밥 예
찬론에서 무언가를 배울 필요가 있겠다. 갖가지 비타민과 미네랄,
생리활성물질, 식물성섬유소가 가득한 잡곡밥으로 몸에 충분한
에너지를 공급해 신체 활력을 도모하는 건강법은 지혜롭다.

유명 연예인이다 보니 점심이나 저녁 회식자리에 갈 때마다 서양
식 진수성찬이 기다리는 경우가 많다. 디저트는 수입 과일 천지다.
하지만 그는 그런 음식을 마다하고 어떻게 해서든 김치찌개나 열
무김치, 깍두기, 된장국 등을 찾아낸다. 이 역시 젊을 때부터 몸에
밴 식습관 탓이다.

그는 "보리밥 먹던 때의 기억을 못 잊어 아직도 김치깍두기와 열
무김치를 항상 찾는다"고 귀띔한다. 발효음식이어서 먹으면 속이
편안하니 더더욱 찾지 않을 수 없다는 것이다.

최불암은 "우리는 농부들이 좋은 햇빛과 물과 흙의 자양분으로
길러낸 곡식과 채소를 사랑하기만 하면 된다"고 말한다. 조상들이
수백, 수천 년간 체계화한 음식문화도 고마워한다.

"약식동원(藥食同源)이라 하잖아요. 채소, 곡식을 잘 다듬어 먹
어 건강을 보호한 조상들의 지혜는 감탄스럽고 나로서는 잘 헤아
려 닿기 힘들 정돕니다."

그가 왜 우리 음식을 사랑하는지 알 수 있게 만드는 대목이다.

밀가루 음식만 좋아하는
이들은 그의 잡곡밥을
예찬론에서 무언가를
배워야 한다.

그는 수년 전부터 TV 리포터로서 '한국인의 밥상'을 좇아 팔도 강산과 심지어 교포가 흩어져 사는 러시아, 중국, 일본까지 누볐다. 남도지방 청산도의 보리 싹, 유채 나물, 머위 등으로 차린 식탁에서부터 강원 정선의 감자반대기, 메밀국죽, 영남지방의 곰보배추와 씀바귀 등으로 담그는 향토 겉절이, 벌교 꼬막, 포항 과메기, 나주 곰탕 등 그의 발길이 가 닿지 않은 향토음식이 거의 없을 지경이다. 취재 과정에서 만나 맛나게 먹은 이들 음식이 어느새 그의 영육이 되었다. 어느덧 그는 가장 한국적인 음식을 상징하는 아이콘이 됐다.

최불암은 최근 농협의 '식(食)사랑 농(農)사랑' 운동 홍보대사에 위촉됐다. 식사랑 농사랑 운동은 먹을거리의 중요성을 새롭게 인식하고 농업의 가치 회복을 통해 건강한 대한민국을 만들어 나가기 위한 국민운동이다.

오늘날 잘못된 식습관과 편의주의에 물든 식생활은 비만을 비롯한 각종 생활습관병을 초래해 개인은 물론 국가 경쟁력까지 위협하고 있다. 좋은 식생활이 행복한 삶을 보장하고 국가와 지구를 건강하게 한다. 최불암은 "농부들이 깨끗하게 길러낸 우리 농산물을 밥상에 잘 올려 국민 모두가 건강해지도록 홍보대사로서 최선을 다하겠다"고 다짐했다.

잡곡밥의 기능성

대부분의 한국인이 흰쌀밥 맛에 익숙해져 있다. 이런 사람들이 잡곡밥이나 현미밥을 대하면 거칠어서 잘 먹지 못한다. 그러나 잡곡밥에 익숙해져 있는 이들은 오히려 흰쌀밥을 밋밋한 맛이라며 기피한다. 마치 모래알 씹는 기분이고, 무언가 손해나는 느낌이다. 그러나 잡곡밥은 영양가가 가득한 것을 혀가 먼저 알아본다. 반찬 없이 한 그릇만 잘 비워도 몸이 필요로 하는 영양가를 어지간히 다 받아들인 기분이 된다.

잡곡밥은 질병 치료 효과도 놀랍다. 잡곡의 종류별 치료 효과를 보면
- **율무** 몇 개월간 밥에 넣어 먹으면 크고 작은 사마귀들이 대부분 사라진다.
- **붉은 팥** 콩팥과 방광, 전립선 기능을 튼튼히 한다. 전립선 기능이 약해 밤중에 화장실을 자주 가는 이들은 팥만 열심히 먹어도 치료 효과를 볼 수 있다. 소변 줄기가 시원해진다.
- **메밀** 루틴 성분이 혈관을 튼튼히 해 고혈압 등의 예방에 도움을 준다.
- **콩** 이소플라본이란 생리활성물질이 유방암과 전립선암 예방에 도움을 준다. 골다공증의 예방 및 치료 효과도 탁월하다. 심혈관계질환도 막아준다.

잡곡밥 맛있게 짓는 법
잡곡을 24시간 정도 물에 담가 충분히 불린다. 그런 다음 찹쌀을 약간 섞어 압력밥솥에 안친다. 밥이 다 되면 찹쌀의 찰기가 잡곡의 거친 부분을 완화해주어 먹기에 좋다. 잡곡밥을 흰쌀밥 못지않게 부드럽게 지어 먹는 방법이다. 어린이들도 좋아한다.

'카보 로딩'으로 몬주익의
영웅 되다

마라톤은 인간의 한계능력을 시험하는 초인적 운동이다. 달리다보면 온몸이 해체돼 내 몸이 아닌 것 같은 무아지경이 되기도 한다. 이렇듯 한 번의 레이스가 엄청난 체력과 인내력을 요구하므로 마라토너에게는 식이요법이 무엇보다 중요하다.

황영조가 1992년 스페인 바르셀로나 올림픽에서 금메달을 딴 뒤부터 이 나라에는 마라톤 붐이 일었다. 건강을 위해 마라톤을 하는 이들마다 그의 식이요법에 큰 관심을 보였다.

그가 실천한 식이요법은 몸 안에 탄수화물을 최대한 축적하는, 이른바 '카보 로딩(carbo-loading)'이다. 육류 위주로 고급스럽게 식사하며 살 빼는 '황제 다이어트'와 유사하지만 내용은 여러 면에서 차이난다. 황영조의 그런 '마라톤 비밀식단'을 들여다보자.

황영조는 잘 달리기 위해 몸에 에너지를 충분히 채워두는 일이

스페인 바르셀로나 올림픽의
마라톤 금메달리스트 황영조의
동상. 강원 삼척시 그의
기념관에 세워져 있다.

중요하다고 강조한다. 그 특별한 방법은 탄수화물 쌓기라고 한다. 이를 위해 전문 마라토너라면 대회 참가를 엿새 앞두고 앞의 3일은 단백질, 뒤의 3일은 탄수화물을 섭취할 필요가 있다고 말한다.

우리 근육은 글리코겐이란 에너지원을 사용해 움직이거나 힘을 얻는데 이를 몸에 가득 채워 둬야만 레이스 후반까지 에너지 고갈 없이 잘 달릴 수 있다. 몸 안에 들어온 탄수화물은 근육과 간에 글리코겐 형태로 저장된다.

황영조 역시 현역 시절 대회 출전을 앞두고 혹독한 식이요법에 돌입했다. 전반 3일간은 쇠고기를 먹었다. 이는 단백질 섭취가 목적이 아니었다. 후반 3일간 몸에 탄수화물을 최대한 많이 축적하기 위해 선제적으로 몸에서 탄수화물을 없애는 작업이었다.

이를 위해 아무런 양념을 하지 않고 소금기도 없는 쇠고기(안창살, 제비추리, 안심 등 부드러운 부위)로 지방이 없는 살코기만 프라이팬에 살짝 익혀 먹었다. 그는 밥을 안 먹고 그렇게 고기만 먹다보니 나중엔 마치 "나무토막을 씹는 것처럼 고역이었다"고 털어놓는다.

이처럼 몸에서 탄수화물을 없애면 바싹 마른 스펀지가 물을 더 많이 먹듯이 나중에 탄수화물을 훨씬 더 잘 흡수하게 된다고 한

잘 달리기 위해서는 몸에 에너지를 충분히 채워두는 일이 중요하다. 그 특별한 방법이 탄수화물 쌓기라고.

'카보 로딩'을 해두면 근육 속의 글리코겐 저장량이
평소의 2배로 증가해 끝까지 지치지 않고 달릴 수 있단다.

다. 따라서 후반 3일간 단백질 공급을 끊고 밥이나 면류 등 탄수
화물 음식을 섭취하면 마른 스펀지가 맹렬하게 물을 흡수하듯 레
이스 하는 동안 에너지로 쓰일 글리코겐을 몸에 최대한 비축하게
된다는 설명이다. 몸에 힘이 확확 올라오는 것이 느껴지는 것도 이
때라고 한다.

또 후반 3일간은 운동량도 줄여 글리코겐 사용을 최소화해야
한다고 한다. 이렇게 '카보 로딩'을 해두면 근육 속의 글리코겐 저
장량이 평소의 2배로 증가해 끝까지 지치지 않고 달릴 수 있는 힘
이 길러진다는 얘기다.

황영조는 그러나 일반인이라면 전반 3일간 고기만 고통스럽게
먹기보다 탄수화물을 20~30% 섞어 먹을 것을 추천한다. 체력이
달리거나 '전반 3일 : 후반 3일' 방식이 맞지 않는 이들에겐 '전반
2일 : 후반 4일'로 변형한 식이요법도 권한다. 무조건 전문 마라토
너를 따라 하기보다 자기 몸에 맞는 식이요법을 찾아 실천하는 것
이 바람직하다는 얘기다.

사람에 따라서는 한두 끼 고기만 먹다가 토하고 탈진해 링거주
사를 맞는 소동을 일으키기도 한다. 따라서 선수들조차 체력이 잘
뒷받침되고 소화 기능에 문제가 없을 때 '카보 로딩'을 실시하는 것
이 바람직하다는 것이다. 스포츠의학 전문가들은 마라톤 풀코스
완주 시간을 4시간으로 잡는다면 평소대로 먹어도 무방하다고 조
언한다.

황영조가 세계적 마라토너로 우뚝 서기까지는 고 정봉수 감독
의 도움이 적지 않았다. 그의 '카보 로딩' 자체가 정 감독의 지도로
시작된 것이다. 더욱이 황영조는 타고난 신체 자체가 마라톤 선수
로 대성할 재목이었다. 눈이 반짝반짝 빛나고 가슴이 두텁고 하체
가 발달한 그는 정 감독에게 강한 인상을 심어주었다.

밥을 안 먹고 고기만 먹다보면 나중엔 생가죽 씹는 듯한 기분이 된다.

그의 고향은 강원도 삼척 바닷가다. 봄이면 울긋불긋 해당화가 피고 파도가 연신 흰 이를 드러내 달려드는 모래톱을 황영조는 종일 놀이터 삼아 뛰어다녔다. 그것이 든든한 체력의 원천이 됐음은 물론이다. 해녀 어머니를 닮아 일반인보다 튼튼한 심장을 지닌 것도 마라토너로서 유리한 조건이었다고 한다.

그는 일찍이 은퇴해 이제 더 이상 마라톤 선수가 아니다. 따라서 특별한 행사가 있기 전에는 '카보 로딩'을 할 일이 없으며, 평소 일반인들처럼 다양한 음식을 즐긴다.

그런 그가 이 시점에서 '카보 로딩'을 돌이키면 지옥의 식이요법이란 인상을 지우지 못한다. 그리고 보면 생가죽 씹는 듯한 고통의 끝에서 바르셀로나 올림픽 마라톤 금메달의 주인공, '몬주익의 영웅'도 탄생한 셈이다.

제2장
국내 명사

| 정치, 경제, 종교, 의료계 기타

상쾌한 하루를 열어주는 현미죽

고건 전 국무총리처럼 관운(官運)이 뛰어난 사람도 드물다. 교통부, 내무부 및 농수산부장관을 두루 거쳐 '장관이 직업'이란 별명까지 얻었다. 전남도지사와 국회의원, 서울시장 등을 역임하고 명지대 총장도 거쳤다. 게다가 노무현 정부 시절 국무총리와 대통령 직 권한대행까지 지냈으니 '하늘이 낸 관료'라 해도 지나치지 않다.

그러다가 노 정권 말기에 대통령 선거에 출마하려고 했다가 스스로 천운(天運)을 읽었음인지 하루아침에 '제왕의 꿈'을 접고 말았다. 그 뒤 이명박 정부에서 사회통합위원회 위원장을 지낸 것을 끝으로 공식적인 직함을 모두 내놓고 야인으로 돌아갔다. 그렇지만 그가 공직에 재직하는 동안 내보인 청렴성과 인간적인 면모는 아직도 많은 이들의 입에 회자되고 있다.

그는 서울시장으로 있을 때 관용차를 마다하고 지하철로 출퇴

고건 전 총리는 현미를 압력솥에 넣어 밥으로 짓지 않고 죽으로 만들어 즐긴다.

근해 화제를 모았다. 비서만 한 명 달랑 데리고 전동차에서, 그것도 승객들 틈에 끼어 선 채로 출퇴근한 그는 청렴한 공직자의 표상(表象)이 무엇인지를 여실히 보여주었다.

무허가 판자촌 같은 곳에서 어렵게 살아가는 주민들을 만나면 눈물을 주르륵 흘리기도 했다. 그렇듯 휴머니즘이 충만한 그였으니, 역시 고달프기로 도시 빈민 못잖은 농어민에게 그의 인간애가 가 닿지 않았을 리 만무하다.

국무총리는 대통령을 보좌해 행정 각부를 관할하는 자리다보니 바쁘기가 이루 말할 수 없다. 그런데도 그는 총리 시절 짬을 내 필자가 만드는 잡지에 원고를 한 편 보내주었다.

'매일 상쾌한 하루는 열어주는 건강식, 현미죽'이란 제목의 글이었다. 정성껏 직접 쓴 그 글 속에 농업인에 대한 고건 전 총리의

현미를 대할 때마다
그 쌀을 정성껏
생산하여 내게 보내준
농부의 마음과
얼굴까지 떠올릴 수
있어 더욱 좋다.

애정이 줄줄 녹아 있었다.

나는 현미를 시장이나 싸전에서 사다 먹는 것이 아니라 잘 아는 시골의 한 농부와 현미 재배 계약을 맺어 가져오고 있다. 때문에 현미를 대할 때마다 그 쌀을 정성껏 생산하여 내게 보내준 농부의 마음과 얼굴까지 떠올릴 수 있어 더욱 좋다.

이제 농산물까지 외국 것이 물밀 듯 밀려오는 세계무역기구(WTO) 시대에 농가는 안정된 소득을 기대할 수 있어 좋고, 소비자는 농약 공해 걱정 없이 믿을 수 있는 농산물을 먹을 수 있어 좋으니, 이 계약재배 방식이 우리 사회에 널리 확산되는 것도 좋으리라 생각한다.

현미를 먹어 건강해져 좋고, 농가에서는 일반벼보다 값이 조금 비싼 현미를 팔면 소득이 늘어나 좋으니, 어찌 일석이조가 아니겠는가. 이렇듯 현미를 통해 내 건강을 유지하고 또 영원한 마음의 고향인 농촌에도 작으나마 보탬이 되고 보니 앞으로도 나의 현미에 대한 사랑은 내내 이어질 것으로 생각한다.

그는 지금까지 건강이 받쳐주었기에 소명을 다할 수 있었고, 매사에 의욕적으로 매진할 수 있었다고 강조한다. 그렇기 때문에 건강이야말로 자기 삶의 가장 중요한 자산이라는 것이다.

그가 이제껏 건강을 지켜오기까지는 여러 가지 요인이 작용했을 것이다. 하지만 음식 가운데서 찾으라 하면 현미를 꼽는 데 주저하지 않는다고 말한다.

그는 현미를 압력솥에 넣어 밥으로 짓지 않고 죽으로 만들어 즐긴다. 전날 미리 물에 담가 불린 뒤 다음날 아침에 죽으로 끓여 아침식사를 해오고 있다. 현미죽은 맛이 담백하고 속도 편안해 상

쾌한 마음으로 하루를 열 수 있게 해준다는 것이다. 그러고 보면 현미죽이야말로 그의 건강을 지탱해주는 가장 중요한 원천인 셈이다.

고건 전 총리는 젊은이들과 어울려서도 테니스를 서너 세트씩 지치지 않고 친다. 이같은 왕성한 체력도 현미죽 덕분이 아닌가 생각하고 있다고 한다.

결국 현미죽이 그의 테니스 실력을 키워 건강을 증진시키고 그 건강 덕분에 국정에 전념할 수 있었으니, 따지고 보면 현미죽이 대한민국 정부의 한 가닥 중요한 원동력이 되고 있었던 셈이다.

영양의 보고, 현미

현미의 영양가는 백미에 비교할 수 없을 만큼 뛰어나다. 농촌진흥청 등 식품연구 기관의 분석 결과에 따르면 100g당 현미는 당질 함량만 백미와 비슷하고 나머지 영양소 함량은 대부분 백미를 크게 앞지른다.

비타민 $B_1 \cdot B_2 \cdot B_6 \cdot K \cdot E$ 등을 비롯해 단백질, 지질, 회분, 섬유질, 칼슘, 인, 철, 마그네슘 등의 함량이 모두 백미를 크게 웃돈다. 니코틴산, 판토텐산, 피오틴, 엽산, 이노시톨, 코린, p-아미노 안식향산, 피트산 함량도 백미가 따라가지 못한다. 이들 성분이 인체의 건강 유지에 필요한 것들임을 감안하면 왜 현미를 먹어야 하는지 자명해진다.

그럼에도 불구하고 우리는 이렇듯 중요한 성분을 모두 깎아 가축에게 줘버린다. 먹을 때 거칠고 소화가 잘 안 된다는 이유에서다. 하지만 건강을 위해서라면 어떻게 해서든 현미밥을 지어 먹어야 한다. 물에 충분히 불린 현미를 찹쌀이나 찰수수, 차조 등과 함께 압력밥솥에 넣어 익히면 먹을 때 거친 느낌이 완화된다. 치아가 약한 사람들은 고건 전 총리처럼 현미죽으로 만들어 먹는 것도 현명한 방법이다.

쌀의 씨눈(배아)과 속껍질은 위의 영양소들이 집결된 중요한 부분이다. 따라서 시간이 걸리더라도 많이 씹어 씨눈과 속껍질의 영양소를 최대한 다 받아들여야 한다. 현미밥은 씹으면 씹을수록 깊은 맛이 난다. 오래 잘 씹는 것도 좋은 구강 운동이며, 급한 성질을 고치는 방법이다.

현미밥에 길들여지면 흰쌀밥은 싱겁고 푸석푸석해 멀리하게 된다. 아이들도 습관을 들이기 나름이다. 처음엔 안 먹으려 하지만 현미밥이 입에 적응되면 흰쌀밥을 찾지 않는다. 현미밥은 영양가가 풍부해 흰쌀밥의 절반 분량만 먹어도 속이 든든하다.

김성훈

영양 풍부한 우유밥

어릴 적 염소젖에 밥을 말아 먹던 기억이 난다. 서울 동대문구 이문동에 살 무렵 일이다. 1960년대이니 요즘 같은 복잡한 도시 풍경이 등장하기 이전이다.

당시 이문동은 도시 변두리의 한적한 농촌 지역이었다. 우리 집에서는 흰 염소를 몇 마리 길렀다. 암컷이 아침마다 탱탱한 젖을 내밀었고, 아버지는 그것을 짜 그릇에 담았다.

그렇게 짠 염소젖이 날마다 아침밥상에 올랐다. 다소 온기가 느껴지는 젖이었다. 어머니는 그 젖에 밥을 말아 가족에게 한 그릇씩 나눠주었다. 고슬고슬한 밥에 흰색 젖의 고소한 맛이 어우러져 맛나게 먹던 기억이 잊히지 않는다.

그 뒤 이문동을 떠나 지방으로 이사하면서 그 싱그러운 '염소젖밥'을 더 이상 먹을 수 없게 되었다. 그 밥은 추억의 책갈피에나 아스라이 묻혀 있었을 뿐이다.

　그러다가 대학 졸업 후 사회에 나와 김성훈 전 농림부장관을 알
게 되면서 염소젖밥에 관한 추억을 다시 떠올릴 수 있었다. 김 장
관은 수십년 간 '우유밥'을 즐긴 인물이다. 일찍이 미국 국무성 장
학생으로 하와이대학에 유학 갔을 때 미국인들이 시리얼을 우유
에 타 먹는 것을 보고는 우유밥을 만들어 먹게 되었다고 한다.

　그는 기숙사 식당에서 밥그릇에 우유를 부었다. 그것을 한 술
씩 천천히 떠 입에 넣으니 우유의 고소한 맛과 쌀밥의 담백한 맛이

우유밥은 우유의 고소한 맛과 쌀밥의 담백한 맛이 절묘하게 어울린다.

김성훈 전 장관은 미국인이 시리얼을 우유에 타 먹는 것을 보고는 우유밥을 만들어 먹게 되었다고 한다.

절묘하게 어울렸다. 그런데 뒷맛이 조금 느끼했다고 한다. 우유의 포화지방 때문이었다. 그래서 소금을 약간 타 간을 맞추니 느끼한 맛이 사라지고 고소한 맛만 남았다고 한다.

그 뒤 귀국해 중앙대 교수 생활을 하면서도 우유밥을 계속 먹었다. 그 후 유엔식량농업기구(FAO) 아시아태평양지역 담당관, 김대중 정부 초대 농림부장관, 경제정의실천시민연합 공동대표, 상지대 총장 등으로 활발한 국내외 활동을 하면서도 우유밥을 항상 가까이했다. "매일 일분, 일 초가 아까운 생활인데 우유밥은 빨리 먹을 수 있어 더욱 좋다"는 것이다.

그의 식습관을 따라 부인과 자녀들도 우유밥을 즐긴다고 했다. 따끈따끈하고 기름기 잘잘 흐르는 쌀밥에 우유를 부어 잘 익은 김치와 함께 먹으면 더없이 맛있고 힘이 난다는 얘기다.

그가 농림부장관에 재임하던 시절 낙농가들이 큰 어려움에 봉착했다. 우유가 남아돌아 착유한 원유(原乳)를 내다버리는 사태가 발생한 것이다. 그러던 어느 날 그가 국무위원 식당에서 우유를 밥에 부어 먹는 장면을 한 신문기자가 목격했다. 기자는 신문에 '김 장관이 낙농가가 어려우니 기행(奇行)까지 펼친다'는 내용의 기사를 실었다. 그의 기행담(?)은 삽시간에 화제가 됐다. 사람들은 그가 수십 년간 먹은 밥이라 해도 잘 믿지 않았다.

할 수 없이 평소 친분이 있던 김숙희 한국식품영양재단 이사장(전 교육부장관)에게 우유밥의 영양학적 우수성에 대해 자문을 구했다. 김 이사장은 우유의 칼슘, 밥의 라이신(필수아미노산), 김치의 비타민이 절묘하게 조화를 이뤄 더없이 이상적인 음식이라고 했다.

그 이야기를 했더니 기행이라 여기던 사람들도 고개를 끄덕이게 됐다고 한다. 그 후 김 장관의 우유밥은 각종 언론매체에 많이 소

쌀은 한국인의 살이요 피다.
시유는 쌀에 버금가는 우리의
주요 식량이다.

개돼 우유 적체 해소에도 톡톡히 기여한 것이 사실이다.

쌀은 경상도 발음으로 '살'이다. 그야말로 한국인의 살이요 피며, 영혼이고 문화다. 신선한 시유(市乳)는 쌀에 버금가는 우리의 주요 식량이다. 따라서 농업 정책의 수장을 지낸 김 장관의 권면(勸勉)이 아니더라도 한국인이라면 시리얼보다는 우유밥을 먹을 필요가 있다. 그것이야말로 육체와 영혼을 건강하게 만드는 길이라고 본다.

그런데 우유밥보다 더 좋은 웰빙 음식은 염소젖밥일 게다. 안타까운 것은 요즘 시중에서 염소젖을 사기가 힘들다는 점이다. 그러나 간절히 구하면 얻을 수 있다. 염소를 방목해 그 젖을 파는 목장들이 있기 때문이다. 그래도 염소젖을 얻기 어려우면 우유밥에 만족하자. 우유는 영양이 풍부해 우유밥 한 그릇만으로도 체력을 유지하는 데 최고다.

식탁의 유령, 트랜스 지방

현대인의 식탁에 유령처럼 어슬렁거리는 물질이 트랜스 지방이다. '침묵의 살인자' 혹은 '죽음에 이르는 징검다리' 등의 거친 표현이 따라다니는 물질이다.

트랜스 지방은 보통 식물성 불포화 지방산에 산패(酸敗) 억제를 위해 수소를 첨가하는 방법으로 만든다. 이런 과정을 거치면 액체 상태이던 식물성 기름이 고체 또는 반고체 상태로 변한다. 마가린이나 쇼트닝, 마요네즈 등이 이렇게 해서 만들어지는 트랜스 지방 덩어리들이다. 유통기간이 길어지고 운반과 저장이 편리해 갈수록 사용이 늘고 있다.

트랜스 지방을 사용해 만든 제품의 하나가 바삭바삭한 쿠키다. 제과점에서 파는 과자들 중 상당수가 트랜스 지방을 넣어 만든다. 입에 살살 녹는 맛에 자꾸 먹게 되는데, 그러다 보면 어느새 우리 발은 '죽음의 징검다리'를 밟게 된다. 각종 빵, 감자튀김, 프라이드치킨, 자장면, 라면 등에 트랜스 지방이 흔히 사용된다.

이 물질이 몸에 해로운 것은 LDL 콜레스테롤(나쁜 콜레스테롤) 수치를 높이는 반면 HDL 콜레스테롤(좋은 콜레스테롤) 수치는 낮추는 작용을 하기 때문이다. 일찍이 미국 국립아카데미 의학연구소는 이로 인해 동맥경화와 관상동맥심장질환(협심증, 심근경색)의 위험이 증가한다고 결론지었다. 따라서 식탁에서 트랜스 지방을 추방하는 것이 현명한 주부가 해야 할 역할이다.

덴마크는 2004년 가공식품에 트랜스 지방 함량이 2% 이상인 경우 유통 및 판매를 할 수 없도록 했다. 미국 뉴욕시는 2008년 7월부터 모든 음식점의 트랜스 지방 사용을 전면 금지하고 이를 위반하는 음식점에 대해 벌금을 부과하고 있다.

찰떡과 콩가루우유죽

김준성 전 부총리는 소설가로도 이름을 크게 얻은 인물이다. 1958
년 〈현대문학〉에 김동리 선생 추천으로 등단한 뒤 〈양반의 상투〉
〈먼 시간 속의 실종〉 등의 명작 소설들을 잇달아 발표했다. 독자
와 평론가들은 경제계의 브레인이던 그의 독특한 문학적 성과에
감탄했다.

한 사람이 일생을 통틀어 2가지 서로 다른 분야에서 그처럼 원
숙한 능력을 발휘하기란 쉽지 않다. 그는 외환은행장과 한국은행
총재 등을 거쳐 제5공화국 초기 부총리 겸 경제기획원 장관 자리
에 올랐다.

그러다가 불행하게도 대도(大盜) 조세형의 '물방울다이아' 사건
에 휘말려 하루아침에 전락했다. 조세형이 그의 집에서 부정과 비
리의 상징인 '물방울다이아'를 훔쳐냈다는 소문이 언론을 통해 확

그는 위 무력증을 해결하기
위해 수십 년간 아침마다
찰떡을 즐겨 먹었다.

산된 탓이다.

　세월이 흐른 다음 당시의 다이아는 김 전 부총리 소유가 아니었
다는 증언도 제기됐지만, 이미 그가 입은 피해는 돌이킬 수 없는
상태가 된 뒤였다. 그러나 조세형은 좀 더 정확히 말한다면 가해자
가 아닌 은인이다.

　김 부총리의 뒤를 이어 부총리 자리에 오른 서석준 씨가 입각 후
5개월 만에 버마 아웅산 폭탄테러 사건으로 불귀의 객이 되고 말
았기 때문이다. 김 부총리가 부총리 직을 유지했더라면 저승 가는
열차에는 분명 그가 올랐을 것이고 보면 정녕 한 치 앞도 내다보지
못하는 것이 인간사인 모양이다.

　더욱이 김 부총리는 스스로 소설 창작에 몰두하게 된 계기가 조
세형 사건 때문이라고 어느 사석에서 말했다. 그야말로 그의 인생

찰떡은 찐득찐득해도 소화가 잘된다. 더욱이 씹는 시간이 길어 완전 소화에 도움이 많이 되는 음식이라고 한다.

자체가 소설 같은 극적인 반전의 연속이었던 것이다.

각설하고, 그런 그가 아흔이 다 되도록 건강을 유지하며 청년 못지않은 열정으로 창작에 몰두할 수 있었던 것은 다름 아닌 '찰떡' 덕분이었다고 한다. 그는 부총리 직을 그만 둔 뒤 ㈜대우 회장으로 지내며 소설 창작에 제2의 인생을 걸고 있었다. 그는 대우 창업자인 김우중 전 회장과 사돈지간이었다.

필자는 오래 전 그를 인터뷰할 일이 있어 서울역 앞 대우빌딩에 있는 그의 집무실을 찾은 일이 있다. 그가 쓴 〈양반의 상투〉가 한창 언론의 조명을 받을 무렵이었다. 그는 〈양반의 상투〉 속표지에 사인을 해 내게 건네주더니 검은 뿔테안경 너머로 시선을 건네며 말했다.

"난 선천적으로 위가 약해요. 오랫동안 위 무력증을 앓았어요. 그래서 아침마다 찰떡을 먹어요. 찰떡은 찐득찐득해도 소화가 잘 돼요. 더욱이 씹는 시간이 길다보니 완전 소화에 도움이 많이 되는 음식입니다. 찰떡 한 개에 생콩가루 우유죽 한 그릇, 그리고 소량의 채소가 내 아침식사예요. 하루를 시작하면서 여기서 에너지를 얻습니다."

그는 그런 식으로 찰떡을 20년간 먹어왔다고 말했다. 덕분에 위장 기능도 많이 향상됐고, 글을 쓸 때 힘도 난다고 덧붙였다. 찰떡 먹기를 생활화하기 위해 일본 출장길에 떡 제조기도 한 대 구입해 왔다고 했다. 그런 그에게서는 고위 관료가 아닌, 질박한 범부의 인상마저 풍겼다.

찰떡 외에도 그가 건강을 위해 평소 즐겨 먹은 것은 비빔밥이다. 갖가지 색깔의 싱싱한 채소, 나물에 양념장을 넣어 비벼먹는 이 음식은 세계인의 음식으로도 손색없다는 게 그의 지론이었다.

이외에도 그가 꾸준히 실천한 독특한 건강법이 몇 가지 더 있

철두철미한 건강 식사법이
그가 두 가지 인생길을 걸을 수
있게 한 밑바탕이 되었다.

다. 숙면과 복식호흡, 건강 마찰법, 하루 한 번 땀 흘리기 등이다.

숙면을 위해서는 잠자리에서 요의를 느끼지 않아야 한다. 이를 위해 초저녁부터 밤 열 한 시 잠자리에 들기까지 아무 것도 먹지 않는다고 했다. 특히 수분을 흡수하지 않으니 잠에서 깨어 소변보러 갈 일이 없다고 했다. 자연히 수면의 질이 높아질 수밖에 없다는 얘기였다.

복식호흡 요령은 숨을 들이키면서 아랫배에다 공기를 채워 그 상태로 2분간 호흡을 정지시킨다. 그러는 동안 하복부에 가득 들이마신 공기를 산소의 불덩어리라 상상하며 그 불덩어리를 손끝에서 발끝까지 전신으로 돌린다. 숨을 뱉어낼 때는 몸 구석구석에서 더럽혀진 공기를 몸 밖으로 몰아내듯 길게 뱉어낸다. 이 건강법이 가져오는 효과가 상당하다고 했다.

건강 마찰법은 아침에 일어난 자리에서 하는 것으로 경락의 여러 부위를 마찰하는 운동이다. 손끝에 힘을 주다보니 5분 정도만 해도 몸에 땀이 밸 정도라고 했다. 이밖에 제자리 뛰기나 달리고 걷는 운동으로 땀을 뺀 뒤 샤워를 하고 나면 몸 속 노폐물이 깨끗이 씻겨 나간다는 것이었다.

이러한 철두철미한 건강법이야말로 그가 두 가지 인생길을 부지런히 걸을 수 있게 한 밑바탕이 되었음은 두 말할 나위 없다.

김학준

꽁보리밥과 수제비의 행복

꽁보리밥과 수제비는 일종의 웰빙 건강식이다. 무엇보다 영양가가 높지 않아 다이어트에도 도움 된다. 주로 샐러리맨들이 흰쌀밥과 육류 음식에 지쳐 있을 때 별미로서 찾는 경향이다.

대학가에서도 인기다. 값이 저렴한 데다 일상의 미각에서 벗어날 수 있게 해주어 더욱 좋다. 서민이 즐길 수 있는 '소박한 만찬'이다.

샐러리맨이나 대학생들뿐 아니라 나이 지긋한 기성세대에게도 이 둘은 정겨운 음식이다. 김학준 전 인천대총장의 경우도 예외가 아니다. 그는 정치인으로서, 그리고 언론인과 교수로서 한 시대를 풍미한 인물이다. 한때 청와대 대변인으로서 촌철살인의 논평과 쾌도난마의 언변으로 국민을 감동시켰다.

유수 언론사의 발행인으로도 오랫동안 활동했다. 그에게 꽁보

꽁보리밥과 수제비는 고향의 맛을 떠올리게 하는 추억의 음식이다.

리밥과 수제비는 고향의 맛을 떠올리게 하는 추억의 음식이다.

　김 전 총장은 〈새농민〉지의 기명 칼럼을 통해 "음식에 별로 까다롭지 않지만 나이 들수록 몸이 한식을 더 찾는 것 같다"고 밝혔다. 그래서 아침식사는 꼭 한식으로 한다는 것이다. 맑은 장국이나 두부찌개에 밥을 말아 먹는 것이 그의 일반적인 아침식사다.

　점심은 건강을 생각해 될 수 있는 한 잡곡밥을 먹으려고 한다고도 적었다. 조밥을 맛있게 해주는 집이 있어 가끔 들르고, 꽁보리밥으로 유명한 음식점이 있어 역시 지인들과 찾곤 한다는 것이다.

　그는 꽁보리밥에 된장을 얹어 비벼 먹길 좋아한다고 했다. 반찬은 그저 싱싱한 채소 반찬 두세 가지면 충분하다고 한다.

　된장으로 쓱쓱 비빈 꽁보리밥을 상추나 쑥갓에 싸서 먹고 풋고추 한 입 베어 물면 그윽한 만족감이 다가선다고. 거기에다 잘 발

효된 오이지 국물이라도 훌훌 마시고 나면 더 이상 바랄 게 없게 된단다.

수제비도 김 전 총장이 좋아하는 점심 메뉴 가운데 하나다. 어린 시절 어머니가 밀가루반죽을 얇게 떼어 채 썬 호박과 함께 끓여 주시던 그 추억의 맛을 잊지 못한다고 한다. 그래서 어머니의 따스한 품과 체취를 그리워하듯 간헐적으로 수제비집 앞을 기웃거리게 된다는 것이다.

필자는 그런 김 전 총장과 다소간의 세대 차이가 있다. 그렇지만 꽁보리밥과 수제비가 추억의 음식인 것은 그와 필자가 다를 바 없다. 쌀이 부족하던 시절이라 학교 도시락은 보리밥으로 채워졌고, 작은 반찬 함에는 다른 반찬 없이 고추장과 상추 잎 몇 장만 들어갔다.

　종이 울려 점심시간이 되면 삼삼오오 책상에 둘러 앉아 도시락 뚜껑을 열었다. 가난이 덕지덕지 묻어나는 음식이었지만, 허겁지겁 먹으며 출출함을 달래던 학창시절 일들이 아직도 추억의 갈피에 고이 끼워져 있다.

　집에서는 어머니가 큰 양푼 가득 꽁보리밥을 쏟아 붓고, 열무김치와 고추장을 얹어 참기름 몇 방울과 함께 비벼서 내 주었다. 식구들은 둘러앉아 고소하고 매콤한 양푼 밥을 한 수저씩 떠먹었다. 돌이켜보면 가난한 가족의 정겨운 식사 풍경이었다.

　그 무렵이 여름날이기라도 하면 툇마루 밖 미루나무에서 매미의

가난하게 살던 시절 먹던 음식이 이제 오히려 건강식으로 각광받는 것을 보면 격세지감을 느끼지 않을 수 없다.

과거 구황작물들이 요즘 성인병을 몰아내주는 '대지의 약'이 되어 돌아왔다.

즐거운 노랫소리가 연신 흩어져 내려왔다. 멀리 들녘에선 누렁소가 대지의 리듬에 맞춰 느린 울음소리를 흘리곤 했다. 식사 후 툇마루에 누워 그런 대자연의 음향을 귓바퀴로 건져내며 낮잠을 즐기던 기억이 선연하다. 빈한했지만 정녕 행복했던 시절이다.

수제비도 우리 집의 가난을 버텨내주던 음식이다. 요즘처럼 양념인들 변변히 있기나 했겠는가. 그저 심심한 소금물에 밀가루 반죽 몇 잎 떼어 넣고 끓여낸 것이 수제비였다. 그것이나마 부족해서 제때 만족스럽게 먹을 수 없었다. 요즘 신세대가 그런 사정을 알 턱이 없다.

세월의 강물이 흘러 어렵던 시절 어쩔 수 없이 먹어야 했던 음식이 이제 오히려 건강식으로 각광받는 것을 보면 격세지감을 느끼지 않을 수 없다. 어찌 꽁보리밥과 수제비뿐이랴.

그 시절 고픈 배를 달래며 먹었던 시래깃국이 그렇고, 곤드레나물밥 역시 그렇다. 과거 구황작물과 산나물, 들나물들이 이제는 성인병을 몰아내주는 '대지의 약(藥)'이 되어 돌아왔다.

필자도 마찬가지지만 김 전 총장도 이런 먹을거리들을 무척 좋아한다. 그래서 그런 농산물을 생산하거나 나물을 뜯는 산촌 사람들에게 늘 감사하며 살게 된다고 겸손해 한다. 결국은 그들이 자신의 건강을 보호해주는 천사들이니까.

'사랑의 비타민' 먹기

요즘 가족끼리 오순도순 둘러앉아 밥 먹는 풍경이 줄어들었다. 과거 대가족 제도이던 시절은 끼니때마다 할아버지, 할머니를 중심으로 하여 부모, 자식, 이렇게 한 식구가 안방이나 대청마루에 모여 앉아 밥 먹는 것이 일반화돼 있었다.

요즘은 핵가족화한 데다 맞벌이 가정이 많고 홀벌이 가정이라 하더라도 아빠 혼자 밖에서 식사를 해결하는 경우가 많아 가족끼리 식탁에 모여 앉기 힘들다. 아침에도 아이 따로, 부모 따로 밥을 먹거나 거르고 부랴부랴 학교와 직장으로 향한다. 어쩌다 주말에나 함께 식탁에 둘러앉아 얼굴을 볼 수 있을 뿐이다.

그로 인해 잃어버리는 것이 '사랑의 비타민'이다. 다른 비타민은 음식을 통해 섭취할 수 있지만 사랑의 비타민은 불가능하다. 가족끼리 주고받는 사랑과 도타운 정이 이 비타민의 바탕이다.

만 세 살 어린이는 책을 통해 140개의 단어를, 가족 식사를 통해서는 1천 개의 단어를 배운다는 연구보고서도 나왔다. 동서고금의 많은 영양학자와 건강학자들이 이 비타민의 중요성을 강조해 왔다.

따라서 아무리 바빠도 식사 때만은 온 가족이 식탁에 둘러앉아 이야기꽃을 피우며 밥 먹을 필요가 있다. 하루 3끼를 이렇게 하기 불가능하다면 한 끼만이라도 이렇게 하려고 노력하는 게 중요하다. 이는 건강한 식사의 기본이다.

몸에 좋은 음식을 먹어도 사랑의 비타민이 부족하면 병이 생긴다. 일본인의 건강을 위한 식사지침 6개 항목 중 하나가 이 항목이란 사실에 주목할 필요가 있다.

아무리 영양가 높은 음식이라 하더라도 혼자 고독하게 먹으면 몸에 약이 되기 어렵다. 사랑이 결여된 인스턴트 음식, 식사 때 언짢은 분위기 등도 건강의 독이다. 밥상머리에서 아이들을 꾸짖는 것도 좋지 않다. 화급한 식사도 해롭다.

가족끼리 둘러앉아 즐겁게 담소하며 느긋하게 식사하는 것이야말로 사랑의 비타민을 먹는 최고의 방법이다.

생식과 흰죽 곁들인 무염식

우리 시대 최고의 선승(禪僧)으로 추앙받는 성철(性徹) 스님의 식생활이 흥미롭다. 그는 오랫동안 소금을 먹지 않은 것으로 유명하다. 이와 관련해 그는 어느 외국인 교수에게 보낸 서신에서 무염식(無鹽食)을 계속하는 것은 무슨 특별한 이유 때문이 아니라고 밝힌 적이 있다. 농산물을 포함해 모든 식물은 적당량의 소금기를 머금고 있다. 그러므로 인간은 굳이 소금을 먹지 않더라도 채소, 곡식, 산나물 등을 먹는 과정에서 자연스럽게 염분을 섭취하게 된다.

성철 스님은 이 같은 자연 순환의 원리를 식생활에서 실천한 것일 뿐 일부러 억지를 쓴 것은 아니라고 한다. 그러고 보면 그야말로 위대한 자연식 실천가였던 셈이다.

무염식 외에 또 하나 눈길 끈 것은 철저한 소식이었다. 성철 스님은 평생 굶어죽지 않을 정도로만 먹는 식생활을 실천했다. 그는 끼니때면 쑥갓 대여섯 줄기와 2~3㎜ 두께로 썬 당근 다섯 조각, 검은 콩 자반 한 숟가락 반을 먹었다. 여기에다 감자와 당근을 채 썰어 끓인 국과 어린이 밥공기만한 그릇에 담은 밥이 한 끼 공양이었다. 20년간 그를 가까이에서 모신 원택 스님의 저서 〈성철 스님 시봉 이야기〉에 이같은 그의 식생활이 자세히 소개돼 있다.

성철 스님의 비문에는 목숨을 걸고 수도 정진하던 젊은 시절 식생활도 잘 드러나 있다. 그는 젊은 시절 16년간 생식(生食) 또는 피곡으로 지냈다는 기록이 비문에 새겨져 있다. 생쌀과 솔잎, 생콩, 상추 등으로 하는 생식은 그의 식생활의 중심 축을 이루고 있었던 것이다.

아침 식사는 밥 대신 흰죽으로 해결했다. 죽 공양을 위해 시자는 냄비에 참기름을 한 술 두르고 쌀을 넣어 노릇노릇해질 때까지 볶았다. 여기에 물을 부어 죽을 끓이면 참기름이 위에 뜨지 않고 하얀 국물만 도는 죽이 완성됐다. 이를 섭취하고 오후에는 다시 채소와 콩 등을 이용한 자연식으로 돌아가곤 했다.

불철주야 용맹정진 할 때는 '벽곡'으로 식사를 대신했다. 벽곡은 호두, 잣, 밤 등 견과류를 절구에 빻은 뒤 꿀에 버무려 왕사탕만하게 만든 것이다. 하안거(夏安居), 동안거(冬安居) 등 긴 수행기간 동안 끼니때마다 일일이 식사를 준비하는 것은 번거로운 일이다. 그래서 미리 벽곡을 만들어 두었다가 수행 기간 중 공양물로 이용하는데, 성철 스님도 예외가 아니었던 것이다.

그렇지만 스님이 평생 동안 꿋꿋이 유지한 것은 무염식과 신선 농산물을 이용한 검소한 식생활 바로 그것이었다. 이렇듯 식생활에서부터 욕망을 통제하는 구도자로서의 엄격함이 묻어났다.

그의 식생활을 일반인이 그대로 따라했다가는 사고로 이어지기 쉽다. 영양실조에 걸릴 것이 뻔하기 때문이다. 하지만 현대인은 그

인간은 굳이 소금을 먹지 않더라도 채소, 곡식, 산나물 등을 먹는 과정에서 자연스럽게 염분을 섭취하게 된다.

의 식생활에서 무엇인가를 배워야 한다.

현대는 영양 과잉 시대다. 성인병이니 현대병이니 하는 것들이 대부분 영양 과잉이 원인이다. 식사 때마다 과거 임금 부러울 것 없는 식탁에 앉으니 비만에다가 심혈관계 질환, 당뇨, 암 등으로 신음할 수밖에 없다. 이는 사람이 밥을 먹으려 하다가 오히려 밥에 먹히고 마는 꼴이다. 과잉의 영양분은 육체만이 아니라 정신마저 혼탁하게 만든다. 밥상에서 과잉의 영양분을 걷어내야 한다. 치열한 성직자의 식생활을 그대로 따라하진 않더라도 성철 스님의 식생활을 다소 반면교사 삼을 필요는 있다.

성철 스님의 검소한 생활은 한 벌의 두루마기를 무려 40년간 직접 기워 입은 것에서도 확인할 수 있다. 신도가 시주한 돈과 물건을 독화살처럼 생각하라며 자기 절제의 생활에 철두철미했던 분이다. 또한 10년간 장좌불와(長坐不臥)하며 확철대오(確撤大悟)한 분이다. 장좌불와하는 동안 주위에 철조망을 둘러 자신의 몸이 바닥에 눕는 것을 허락하지 않았다.

본래 산속 승려들의 생활은 대체로 엄격하고 검소하다. 사찰음식은 마늘 등 향신료를 피하고 산나물, 들나물, 나뭇잎, 곡식 등을 이용해 단순하게 차린다. 육류는 금하고 기름기 있는 음식도 피한다. 이렇듯 식생활에서부터 욕심이 생겨나는 것을 원천적으로 차단한다. 절식과 소식은 건강의 기본이다. 거기에다 수행 정진하면 영혼이 맑아진다. 그것이 또랑또랑하고 부리부리한 동공에서 묻어난다. 성철스님의 눈동자가 그러했다.

전등불을 달아놓은 것처럼 형형하고 어린이 눈동자처럼 맑았던 그의 동공을 아직도 많은 이들이 기억한다. 그의 눈은 또한 현실을 바라보지 않고 뭔가 다른 세상을 응시하곤 했다. 바로 진공묘유(眞空妙有) 즉, 텅빈 것 같지만 미묘한 무엇인가가 있는 세상이다.

절식과 소식은 건강의 기본이다. 거기에다 수행 정진하면 영혼이 맑아진다.

필자는 오래 전 지방 출장길에 그가 머물던 해인사 백련암에 들른 적이 있다. 당시 법당에서 3천배를 하지 않고는 그를 만날 수 없었다. 나는 운 좋게도 경내를 산책하는 그를 다소 가까운 거리에서 목격할 수 있었다. 그때 그의 눈동자가 진공묘유의 비현실 세계로 건너간 듯 야릇한 느낌을 주었다. 그는 내 쪽으로 시선을 주고 있었으나 그 시선은 내게 머물지 않고 나와 그 사이의 어떤 미묘한 세상에 가 닿아 있는 듯했다. 불교 이론의 양대 산맥은 연기론(緣起論)과 실상론(實相論)이다. 그중 실상론은 금강경에 나오는 다음의 문구가 집약적으로 받쳐준다.

범소유상 개시허상 약견제상비상 즉견여래.(凡所有相 皆是虛相 若見諸相非相 卽見如來)

바로 '세상 만물은 모습을 지니고 있지만 모두가 실상이 아닌 허상이다. 만일 이들 상이 환상이요 아지랑이임을 알게 되면 비로소 여래, 즉 진리의 길이 열린다'는 내용이다.

환상으로 가득한 현실 세계를 건너뛰어 비현실의 진공묘유 세계로 들어가 있는 듯하던 그의 미묘한 눈동자. 치열한 수행이 그것을 결과했겠지만 일생동안 실천한 검소한 생활 또한 다소의 밑거름이 됐을 것임은 물론이다.

식물성 난(卵), 씨앗을 먹자

조류의 알은 새 생명이 탄생하는 것이니 영양학적으로 완벽에 가깝다. 식물에서 동물의 난(卵)에 해당하는 것이 씨앗이다. 씨앗도 자손을 퍼뜨려야 하므로 균형 잡힌 영양분이 들어 있다.

중국에서는 예부터 잣, 호두, 기타 나무 열매를 신선식(神仙食)이라 불렀다. 오래 먹으면 불로장생하게 하는 식품이라 여겼기 때문이다. 우리나라도 사찰의 스님들이 수도 정진할 때 여러 가지 견과류를 섞어 만든 '벽곡'으로 식사를 대신한다. 이처럼 씨앗 위주의 식사가 일상의 끼니를 대신할 수 있다는 것은 그만큼 영양가가 많다는 반증이다.

미국 캘리포니아주 로마린다는 세계적인 장수촌으로 알려진 곳이다. 평균 90세 전후의 노인들이 많이 몰려 산다. 기독교의 일종인 제7회 안식일 재림파 교인들이다.

그들은 채식 위주의 식단에 유제품과 견과류를 곁들인 식사를 한다. 견과류는 캐슈너트, 아몬드, 호두, 해바라기씨, 아마인 등이다. 어릴 때부터 이같은 전통의 식사를 지속하는 것이 장수비결이라고 한다.

로마린다대학 연구진은 1주일에 4회 견과류를 먹는 사람은 전혀 먹지 않는 사람에 비해 심장질환으로 사망할 확률이 절반에 그친다는 연구결과를 내놓기도 했다. 지금도 문명이 거의 닿지 않는 아프리카나 남미의 미개지 주민들에게는 암이 별로 없다. 그 이유는 그들이 자연식과 함께 종실류를 식사의 기본으로 하고 있기 때문이란 분석도 있다.

아무튼 씨앗이 영양의 덩어리인 것만큼은 확실하다. 종실류는 수분이 5%에 불과하니 영양분이 고도로 농축된 식품이다. 씨눈(胚芽)이 있다는 것도 장점이다. 과학적으로 규명된 씨앗의 기능성은 스태미나 향상, 동맥경화의 예방과 치료, 간 기능 개선, 빈혈 예방 및 치료, 미용 증진 등이다.

이양희

낟알 위주의 전체식품 식사법

현대인의 식생활이 정상궤도에서 너무 멀리 이탈했다. 경제성장으로 풍요로운 식생활을 누리게 된 것 같지만 실제는 잘못된 식습관으로 건강을 망치는 경우가 허다하다.

여러 가지 성인병 환자들이 갈수록 증가하고 있는 것이 이를 웅변적으로 말해준다. 세계보건기구(WHO)도 전염성 질환이 아닌, 비전염성 질환으로 인한 지구촌 사망자가 폭발적으로 늘어나 수습할 수 없는 국면으로 치닫고 있다고 경고한다. 비전염성 질환 대부분이 성인병이며, 이는 잘못된 식생활이 주요 원인인 경우가 많다.

이양희 교수(명지대)는 이러한 문제를 해결하기 위해 일찍이 '낟알 위주의 전체식품(Grain Dominant Whole Food) 식사법'을 고안했다. 이는 낟알(곡류, 콩류 및 약간의 종실류) 위주로 전체를 다 먹는 식사를 하되 상당량의 채소, 과일과 약간의 동물성 식품도 섭취하는

낟알 위주로 전체를 다 먹되
성장량의 채소, 과일을
함께 섭취한다.

건강 식사법이다. 동물성 식품은 주로 성장기에 먹되 나이가 들수
록 줄여 나갈 것을 권한다.

그는 낟알 위주로 식사해야 하는 이유를 다음과 같이 설명한다.
사람의 장(腸)은 육식동물에 비해 길며 초식동물에 비해서는 짧
다. 이를 보더라도 인간은 전적으로 육식동물도, 초식동물도 아님
을 알 수 있다. 다음으로 치아 구조는 어금니가 잘 발달해 낟알 위
주로 먹고 살도록 되어 있다. 그런가 하면 육식동물이 지닌 송곳니
도 전체 치아 수 32개중 위, 아래 2개씩 모두 4개를 갖고 있다. 그
리고 과일이나 풀을 잘라 먹을 수 있는 앞니도 8개를 가지고 있다.

이같은 면을 종합해볼 때 인간은 어떤 음식이든 먹을 수 있으
나 곡식과 콩 종류, 약간의 종실류 중심으로 섭취하는 것이 자연
의 이치에 맞는다는 것이다. 이들 낟알은 여러 종류를 골고루 먹
으면 다양한 영양성분이 몸 안에서 균형을 이뤄 건강 유지에 적합
하다고 한다. 그러므로 인간의 식사는 낟알을 주축으로 해야 하며
어린이와 청소년은 성장을 위해, 그리고 몸이 허한 사람은 회복을
위해 동물성 식품을 적절히 섭취해줄 필요가 있다는 것이다. 다만
동물성 식품은 성년기 이후 노년기로 갈수록 채소, 과일로 대체해
무기물과 비타민을 충분히 공급해주는 것이 건강한 신체를 유지

그는 이 식사법을 당뇨병 등
성인병 환자들에게 적용해
놀라운 효과를 거둬왔다.

하는 지름길이라는 것이다.

전체식품 식사법은 한 가지 식품은 전체를 다 먹으라는 뜻으로,
전통 자연건강식의 하나인 일물전체식(一物全體食) 및 서양의 마크
로비오틱(Macrobiotic) 식사법과도 맥이 닿아 있다.

요즘 사람들은 주로 맛있는 것만 먹으려 하는 습성이 강하다.
그러다보니 사탕무와 사탕수수에 함유된 단맛인 설탕만을 분리
정제해 온갖 음식에 넣어 먹는다. 그로 인해 식사 균형이 깨져 비
만이 되기 십상이다. 어패류, 육류의 시원한 맛 성분인 아미노산
이나 핵산을 분리하거나 이를 미생물과 합성해 조미료로 이용하기
도 한다. 또 천일염을 뽀송뽀송한 정제염으로 만들고 곡식을 지나
치게 도정해 먹는가 하면 각종 원료에서 기름만을 뽑아 사용한다.
동물성 식품도 삼겹살 등 맛있는 부위만 주로 먹고 과일도 껍질을
깎아 내버린다. 이렇게 먹으면 식품의 맛이 좋아지고 품위도 향상
될지 모르나 잃는 게 너무 많다. 즉 거시 영양소는 충족될지라도

영양 불균형을 막기 위해 백미 같은 부분식품이 아닌, 현미 같은 전체식품 식사법을 생활화해야 한다는 것이다.

각종 비타민, 천연 미네랄과 다양한 생리활성물질이 부족해질 우려가 높다. 이 교수는 이를 "마치 자동차에 휘발유만 넣고 윤활유는 얼마 넣지 않은 채 도로를 주행하는 것과 같다"고 말한다. 그러니 그 차량이 오래 갈 리 없다는 얘기다.

따라서 영양 불균형을 예방하기 위해 전체를 다 먹는 식사법을 생활화해야 한다는 것이다. 이를 테면 백미를 배격하고 현미를 먹어야 하는데 이는 현미에 당질, 지질, 단백질, 비타민, 무기물 등이 고차원적으로 균형을 이루고 있기 때문이다. 콩도 두부나 두유로 가공해 먹지 말고 콩 그 자체로 먹는 게 현명하다고 한다. 채소는 뿌리와 줄기, 잎 등을 다 식용하고 유제품도 탈지분유나 치즈, 버터 등의 형태가 아니라 시유(市乳) 자체로 마셔야 한다는 것이다. 모든 식품은 사실상 영양성분이 적절히 혼합된 완전영양식품이기 때문에 이러한 식이습관을 갖는 것이 건강을 위해 매우 중요하다는 주장이다.

이 교수는 일찍이 프랑스 파리대학교에서 이학박사 학위를 받았고 한국과학기술연구소 식품공학연구실장으로도 근무한 사람이다. 그러다보니 한 때 육류 위주의 서양식과 가공식품에 치우친 식생활로 몸무게가 90kg에 육박했다. 그로 인해 당뇨와 지방간이 끈질기게 따라다녔다. 이래선 안되겠다 싶어 오랜 기간 연구한 끝에 체계화해 자신의 병부터 물리칠 수 있었던 것이 이 식사법이다.

그는 '낟알 위주의 전체식품 식사법'을 당뇨병을 비롯한 여러 가지 성인병 환자들에게 적용해 놀라운 효과를 거둬 왔다. 병원에서 해결해주지 못한 난치병들을 단순히 식사방법을 바꾸는 것만으로 뿌리뽑아주니 환자들은 신기할 따름이다. 그의 식사법이 현재도 영문을 축약한 'GF법'이란 이름으로 다가가 무수한 환자들을 질병의 고통에서 건져내주고 있다.

전체식품과 부분식품

	품목	전체식품	부분식품
농산물	쌀	현미	백미
	보리	겉보리, 쌀보리	보리쌀
	밀	통밀	도정한 밀, 밀가루
	콩류	콩	두부, 비지, 콩기름, 대두분리단백
	과일	껍질째 먹는 과일	껍질을 깎아낸 과육
	채소	잎, 줄기, 뿌리 전체	잎, 줄기, 뿌리 일부
	견과류	딱딱한 외피만 벗겨낸 것	내피까지 벗겨낸 것과 기름으로 짠 것
	유지류	참깨, 들깨	참기름, 들기름, 깻묵
축산물	유제품	시유, 전지분유	탈지분유, 탈지유, 버터, 치즈, 크림
	육류	고기, 뼈, 내장을 함께 먹는 경우	고기, 뼈, 내장 중 일부만 취하는 경우
수산물	어류	뱃살과 내장, 지느러미, 머리, 가시, 비늘 등을 함께 먹는 경우	뱃살 등만 부분적으로 섭취하는 경우
	갑각류	압력솥에 넣어 껍질과 머리까지 푹 익혀 먹는 경우	껍질이나 머리를 제거하고 먹는 경우

장두석

밥상이 약상 되게 하라

"밥상이 약상(藥床) 되게 해야 합니다."

해관(海觀) 장두석 선생이 늘 강조하는 말이다.

그는 민족생활의학이란 우리 고유의 의학을 체계화해 보급해온 이다. 생활을 올바르게 해 병에 걸리지 않도록 하고, 병이 나더라 도 병원·약국을 찾는 대신 생활에서 물리쳐야 한다는 게 그의 지론이다.

진정으로 병을 고쳐주는 것은 의사도, 약사도 아니라고 한다. 자연이 위대한 의사란 얘기다.

때문에 병을 치료·예방하기 위해서는 대자연의 질서에 순응한 전통 의식주 생활로 돌아가야 한다는 것이다. 그중에서도 그가 특히 강조하는 것은 전통 식생활이다.

"현대인의 의식주 생활이 갈수록 자연에 역행하는 방향으로 나아가고 있어요. 외국에서 들여온 농산물이 우리 먹거리 시장을 휩쓸고, 각종 화학첨가물과 농약으로 오염된 음식이 가정의 밥상을 지배하고 있습니다. 그러니 현대병이 만연할 수밖에 없는 것이지요.”

그는 한국인 밥상의 문제점으로 ‘나쁜 것이 넘쳐나고 필요한 것이 모자란’ 점을 꼽는다. 대표적으로 나쁜 것은 각종 가공식품에 들어간 수십 가지의 화학첨가물이다. 간이 이들을 해독하려면 엄청난 노동을 해야 한다.

최근 간 질환자가 급증한 것도 이같은 ‘혼돈의 밥상’과 무관치 않다고 한다. 지나친 육류 섭취도 독소 발생으로 건강을 해칠 수 있으며 동양인의 체질에 맞지 않는다고 한다.

필요한데도 부족한 것은 생수, 좋은 소금, 채소, 오곡 등을 통해 얻는 생명물질과 비타민, 각종 미네랄 등이다. 따라서 ‘질서의 밥상’을 차리는 일이 시급하다는 것이다.

그가 말하는 약상으로서의 밥상은 특별한 것이 아니다. 조상들이 해먹던, 오곡밥에 채소가 푸짐한 ‘가난한 밥상’이다. 밥상에는 언제나 고추장, 된장, 간장이 함께 했다.

이렇듯 소박한 밥상이지만 거기에는 우주 자연의 섭리가 깃들어 있었다고 한다. 즉, 겨울이면 따끈따끈한 밥에 무·갓김치 등 열을 내는 음식이 인체의 보온작용을 도와주었고, 여름이면 보리밥·풋고추·수박·상추 등 찬 음식이 더위로부터 몸을 보호해 주었다는 것이다.

우리 조상은 밥상 하나라도 그냥 차리지 않았다고 그는 거듭 강조한다. 다섯 가지 곡식과 다섯 가지 이상의 채소를 골고루 섞고, 잘 발효된 장류와 김치를 얹어 상을 차렸다는 것이다. 이렇게 차린 밥상은 오묘함 그 자체라고 한다.

금목수화토(金木水火土) 오행(五行)과 청황적백흑(靑黃赤白黑)의 오

색(五色), 그리고 산함신감고(酸鹹辛甘苦)의 오미(五味)를 두루 갖췄다는 것이다. 이같은 오행·오색·오미의 조화를 통해 천기(天氣)와 지기(地氣)를 적절히 받아들이면 몸이 편안해질 수밖에 없다는 얘기다.

그의 이러한 민족생활의학을 토대로 한 민족생활관이 전국 곳곳에서 한국인의 의식주 생활을 개선하는 첨병 역할을 하고 있다. 이들 생활관에서 맛보는 김치는 전통식으로 푹 발효시킨 음식

이다. 된장국에서도 전통의 맛이 웅숭깊게 우러난다. 오곡밥은 한눈에 봐도 몸에 약이 될 수밖에 없는 건강약밥이다. 철따라 거두는 각종 채소와 나물이 물기 뚝뚝 흘리며 식탁에 오른다.

음식은 우리의 목숨이며 혼이다. 먹는 것이 우리의 건강을 결정하고 나아가 인성을 좌우하며 마침내 운명까지 바꿔 놓는 법이다. 그러므로 이 시대를 살아가는 주부라면 가족의 운명을 좋은 쪽으로 열어주기 위해 밥상을 약상으로 바꿀 필요가 있다. 그런 약상

질병 예방을 위해 대자연의 질서에 순응한 전통 식생활로 돌아가야 한다.

을 차리기 위해 장두석 선생은 다음의 6가지 사항을 실천할 것을 제안한다.

1. 생수를 하루 2ℓ 이상 마신다. 30분에 30g씩 해서 홀짝홀짝 마신다.
2. 죽염, 볶은 소금, 된장, 고추장 등을 통해 하루 5~8g의 소금을 섭취한다.
3. 채소는 뿌리, 잎, 줄기 등을 통째로 해 5가지 이상을 골고루 섞어 잘게 채 썰고 된장 등으로 양념해 꼭꼭 씹어 먹는다.
4. 다섯 가지 이상의 곡식을 넣어 오곡밥을 지어 먹는다.
5. 과일은 전체 식사량의 10% 이내로 하고 볶은 소금(볶은 소금 반, 깨소금 반 비율로 혼합한 소금)이나 죽염에 찍어 먹는다.
6. 오전 12시 이전에는 물, 감잎차, 소금만 먹는다. 이렇게 하면 노폐물이 잘 배출돼 각종 질병 예방에 도움 된다.

세계에서 가장 건강한 일본 '오키나와 식단'

장수촌으로 알려진 일본 오키나와 주민들의 식단은 세계에서 가장 건강한 식단이란 평가를 받는다. 어째서일까.

오키나와 사람들이 평소 즐겨 먹는 것은 돼지고기다. 그런데 그들은 우리처럼 삼겹살 위주로 구워먹지 않는다. 대신 돼지의 모든 부위를 골고루 이용하되, 굽지 않고 삶거나 끓여 식탁에 올린다. 이렇게 하면 지방과 몸에 해로운 독소가 빠져나가고 단백질과 콜라겐 등 좋은 영양소만 남아 건강식이 된다. 기름기 많은 삼겹살을 불에 굽다가 태워 발암물질을 만든 상태로 섭취하는 우리네와 사뭇 다른 식습관이다.

그렇다고 해서 그들이 돼지고기만 너무 먹는 것도 아니다. 녹황색 채소와 과일, 콩 종류도 충분히 섭취한다. 한 조사에 따르면 오키나와에서도 최고의 장수촌으로 통하는 오미기 마을 주민들은 다른 농촌 지역 주민들에 비해 녹황색 채소는 3배, 콩 종류는 1.5배 더 먹는 것으로 밝혀졌다. 반면 1일 소금 섭취량은 9g으로, 일본 전체 평균 13g보다 훨씬 적었다고 한다.

다양한 종류의 해초와 생선을 자주 식탁에 올리는 것도 그들의 특징이다. 또한 거친 음식인 고구마와 현미, 섬유질 풍부한 메밀국수 등이 식단의 기초를 이루고 있다. 이곳 장수자들은 이런 식사를 규칙적으로 하되 약간 적게 먹고 평생 농사일 등을 하며 잠을 충분히 자는 경향이다. 그래서 서구 영양학자들은 비만, 당뇨, 심장질환, 암 등을 예방하는 우수한 생활이라고 칭찬한다.

옥수수 즐기는 경제학 거목

조순 전 한나라당 총재는 정치인이기 이전에 경제학자다. 한국 경제학의 거목이라 할 수 있다. 일찍이 그가 서울대 경제학과 교수로 지내는 동안 집필한 〈경제학원론〉은 수학의 〈정석〉처럼 이 나라 학생과 수험생들에게 고전이 된 지 오래다.

이 나라 기성세대들이 그의 저서를 토대로 공부하며 경제학의 이론과 실제에 눈 떴다. 은행이나 증권·보험회사 간부들, 대기업 임직원들, 그리고 심지어 판·검사와 변호사들까지 그의 〈경제학원론〉을 모르는 이가 별로 없다.

이 저서 외에도 다양한 경제 관련 저서를 통해 그는 산업화 과정에 있던 한국 사회에 지대한 영향을 끼쳤다. 또 한국은행 총재와 부총리 겸 경제기획원 장관, 서울시장 등의 관직을 두루 거치며 뚝심 있게 일해 온 모습이 인상적이다. 그래서인지 그의 외모는 듬

감자와 더불어 강원도 땅에서 가장 많이 나는 농산물이 바로 옥수수이기에 산비탈의 옥수수 밭은 그대로 강원도의 대지를 감싸는 풍경이다.

직한 황소와도 같다. 어디서 그런 뚝심과 에너지가 나올까.

1928년생이니 이미 여든을 훌쩍 넘긴 나이다. 그런 그가 언젠가 등산용 지팡이를 짚고 북한산을 오르는 것을 목격한 적 있다. 그야말로 산신령(?)이 등산하는 것 같았다. 노구(老軀)인데도 어떻게 그리 산을 잘 탈까 싶어 감탄했던 기억이 지워지지 않는다.

그가 전통음식을 좋아한다는 사실은 그와 친분이 있는 사람들은 거의 다 안다. 아마도 그런 식생활이 그의 건강의 밑거름이 되었을 것으로 보인다. 전통식이야말로 건강식이며 약일 테니까.

일찍이 미국 버클리대에서 경제학박사 학위를 받고 뉴햄프셔 주립대에서 조교수 생활을 하는 동안 서양음식에 경도됐을 법도 한데 그렇지가 않다. 물론 그는 이것저것 가리지 않는 식성이다. 그러면서도 토속적인 음식을 좋아하니 천생 강원도 골짝 출신인 것

만큼은 부인할 수 없는 모양이다. 그런 그가 옥수수를 즐긴다는 사실을 아는 이는 많지 않다. 그가 서울시장에 재직 중일 때 필자의 언론사로 '쓰임새 푼푼한 고향의 옥수수'란 원고를 보내왔다. 눈코 뜰 새 없이 바쁜 가운데서도 약자 층인 농업인 독자를 배려해 원고를 보내준 그의 성의에 감동했다.

원고 내용은 더 감동적이었다. 원고에서 그는 옥수수를 참으로 좋아해 길을 가다가도 찐 옥수수 파는 곳이 보이면 우선 맛을 가리기도 전에 몇 개를 신속하게 먹어치운다고 고백했다.

나는 여름이면 어른 키를 훌쩍 넘는 검푸른 옥수수 밭이 어린 능이쪽 끝에서 저쪽 끝까지 뒤덮는 강원도에서 태어나 어린 시절을 그곳에서 보냈다.

그러므로 나에게 옥수수는 단순히 즐겨 먹는 농산물 이상의 의미를 지닌다. 감자와 더불어 강원도 땅에서 가장 많이 나는 농산물이 바로 옥수수였기에 산비탈의 옥수수 밭은 그대로 강원도의 대지를 감싸는 풍경이요, 옥수수 음식은 강원도 사람들의 생활을 드러내 주는 문화 그 자체이기도 했던 것이다.

고적한 산간 마을 너와집 처마 밑에 매달린 노오란 옥수수 둥우리는 사람 사는 훈기를 전해주는 내 고향 풍경이다. 옥수수는 내게 곧 고향인 것이다.

이렇듯 '옥수수'를 '고향'이라고까지 결론지었을 정도이니 옥수수에 대한 그의 애정이 각별할 수밖에. 사실 '음식이 나를 만든다'는 말도 있고 보면 성장 과정에서 주식이나 간식으로, 또 사회에 나와서도 '고향'이라 여기며 즐긴 옥수수가 조순이란 거물의 일정 부분을 만들었을 것으로 생각해볼 수도 있다.

조순 전 총재는 노구임에도
옥수수와 전통 건강식
덕분인지 아직 건재하다.

조순 전 총재는 옥수수와 전통 건강식 덕분인지 아직도 건재하다. 그가 출범시킨 한나라당이 새누리당으로 바뀌고 상당수 그의 제자들이 사회에서 밀려나거나 이미 세상을 등진 상황에서도 그의 뚝심과 에너지는 변함이 없다.

그는 말년을 왕성한 집필 활동으로 보내고 있다. 황소 같은 그의 에너지의 원천은 아마도 옥수수 같은 토종 먹을거리가 아닐까 생각해본다. 앞으로도 지방 강연 길에 강원도나 충청도 길가에서 대학찰옥수수 같은 맛난 먹거리를 즐기며 피로를 풀게 될 그의 모습을 상상하기란 그리 어렵지 않다.

머리 좋아지는 식품

호두는 옛 의서들이 건뇌(健腦) 식품이라고 적고 있다. 현대 영양학에서도 뇌세포를 건강하게 하는 식품으로 인정한다. 신경쇠약에 효과가 있으며 강장, 강정 작용도 한다. 동맥경화증 예방에도 좋은 식품으로 알려져 있다.

중국에는 예부터 명절이나 정초에 아이들에게 호두를 선물로 주는 풍속이 있다. 아이들의 머리를 좋아지게 하기 위함이다. 호두 알맹이는 생김새가 사람의 뇌와 유사하다. 이같은 형상에서도 건뇌 기능을 하는 식품임을 유추할 수 있다.

따라서 기억력을 좋게 하기 위해 한창 공부하는 학생들에게 간식으로 줄 만하다. 그렇다고 해서 너무 많이 먹이면 해로울 수 있다. 아무리 좋아도 지나친 것은 부족함만 못하다. 가끔 한두 개씩 먹어 몸이 잘 받아들이게 하는 게 중요하다.

호두와 함께 땅콩, 호박씨 등의 견과류를 간식으로 먹이는 것도 좋다. 영양학자들은 참기름, 콩기름 등의 식물성 기름을 음식 조리할 때 좀 더 많이 쓸 것도 권한다. 성장기 어린이에게 중요한 불포화지방산을 많이 섭취하는 방법이기 때문이다. 또 칼슘 등을 다량 섭취할 수 있도록 하기 위해 해조류와 뼈째 먹을 수 있는 생선 등을 많이 식탁에 올려야 한다.

비타민 C를 많이 섭취해야지만 어린이의 뇌신경 활동이 정상화돼 아이큐도 향상된다. 비타민 C는 약으로 복용하지 말고 신선 채소, 과일, 곡식에서 얻는 것이 좋다.

최진규

약초로 만든 약선(藥膳)요리

약선(藥膳)요리는 약효 높은 식품을 잘 조합해 만든 건강식이다. 이를 먹으면 별도로 약을 먹지 않더라도 병을 물리치거나 건강을 증진시킬 수 있다. 영양학적 가치 외에 식품에 숨어 있는 약성도 함께 중시하는 점이 일반 요리와 다르다.

우리나라 사람들은 예부터 보양을 위해 삼계탕을 먹고, 산모가 산후 조리를 위해 잉어나 가물치를 고아 먹는 등 나름대로 독특한 약선 요리 문화를 이어왔다. 심지어는 산초밥이나 포공영(민들레) 밥을 지어먹고 질병을 극복하기도 했다. 산초밥은 결막염이나 다래끼의 염증 완화에 도움을 주며, 포공영밥은 위장 질환을 낫게 한다.

통풍의 부기를 가라앉히기 위해 치자팥죽을 쑤어 먹기도 했고, 저혈압 있는 사람은 몸이 따뜻하고 피가 잘 돌도록 들깨인삼죽을

약초에 관한 한 내로라하는
경험과 지식을 갖춰 한의대 본초학과
교수들이 그를 따라다니며
배우고 있을 정도다.

끓여 먹기도 했다. 주식뿐 아니라 약차와 약술도 다양하게 만들어
마셨다. 이러한 약선음식을 소개한 기록이나 책자들도 적지 않다.

최진규 씨는 이러한 약선요리의 개발 보급에 앞장서온 사람이
다. 그는 본래 약초꾼이다. 오십 평생 전국의 명산대천을 다 찾아
다니며 귀한 약초들을 캤고, 이를 사람들의 질병 치료에 이용했
다. 그 덕분에 난치병의 늪에서 빠져나온 이들이 상당수다. 약초
에 관한 한 내로라하는 경험과 지식을 갖춰 한의대 본초학과 교수
들이 그를 따라다니며 배우고 있을 정도다.

그런 그가 약선요리에 손을 댄 것이 벌써 20년 가까이 된다. 이
들 요리를 일반인이 쉽게 접할 수 있도록 하기 위해 서울에서 약초
요리 전문점을 몇 곳 운영하기도 했다.

그가 보급하는 약초음식들은 일반인의 상상을 초월한다. 헛개

대부분의 약초는 맛있는
음식으로 만들 수 있다는 게
그의 생각이다.

해장국밥, 함초비빔밥, 겨우살이약밥, 약된장찌개, 장뇌삼정식,
야생잔대무침, 하수오죽, 복령수제비, 조릿대수제비 등의 희한한
음식이 그의 손끝에서 나왔다. 모두 국산 또는 자연산 약초들로
만들어 그저 맛나게 먹기만 하면 저절로 보약이 되는 음식들이다.

"대부분의 약초는 맛있는 음식으로 만들 수 있어요. 먹어서 좋
은 영양이 되는 것 외에 약도 될 수 있다면 그보다 더 좋은 음식도
없을 겁니다. 지금까지 30여 가지를 개발했는데, 앞으로 이 음식
들이 널리 보급돼 한국인의 건강 증진에 도움이 되기를 바랍니다."

밥으로 선보인 음식은 모두 약밥이다. 약된장찌개는 우리 콩에 표고버섯, 오갈피 등을 넣고 3년간 묵힌 약된장으로 끓여낸다.

헛개해장국밥은 '술이 물이 되게 한다'는 속설이 있을 만큼 숙취 해소에 으뜸인 헛개나무 잎을 넣어 만든다. 자연히 해장에 으뜸이다.

겨우살이약밥은 노르스름한 빛이 약간 감도는 밥인데 오래 먹으면 고혈압, 관절염, 중풍 등의 예방과 면역력 증진에 도움을 준다. 함초비빔밥은 염전에 자라는 짭짤한 맛의 함초를 재료로 해 간을 따로 맞추지 않고도 맛나게 먹을 수 있다. 변비 예방에 특효가 있다.

죽으로는 호깨죽, 하수오죽, 함초죽, 연자죽 등이 있다. 헛개죽은 헛개해장국밥처럼 술 마신 뒤 들기에 제격이며, 함초죽은 미용과 다이어트에 으뜸이다. 하수오죽은 병약한 사람에게 좋을 뿐 아니라 머리를 까맣게 하는 작용도 한다.

복령수제비는 우리밀가루에 국산 백복령 가루를 섞어 만드는데, 약초 맛 감도는 고소한 맛이 느껴진다. 최씨는 "복령 수제비를 계속해서 먹으면 몸이 가벼워지는 효과를 볼 수 있다"고 말한다. 조릿대수제비는 고혈압과 당뇨를 치료하고 면역력을 높이는 조릿대 가루와 우리밀가루를 섞어 만든다. 이 둘은 약수제비들이다.

술안주용으로는 함초를 주재료로 만든 모듬전, 밀전병 등과 야생더덕구이, 야생잔대무침 등 다양하다. 야생더덕구이와 야생잔대무침은 북한에서 수입한 더덕, 잔대로 만든다. 자연산 재료를 쓴 덕분에 향기와 맛이 기막히다.

이밖에 10년 이상 된 장뇌 한 뿌리를 먹을 수 있는 장뇌삼정식 등 독특한 약초음식들이 건강의 파수꾼 역할을 한다.

"요새 사람들이 먹는 음식은 문제가 많아요. 식탁에 공해 물질이 넘쳐납니다. 저는 모든 질병은 음식을 고쳐야 낫는다고 생각해요. 화학조미료와 몸에 해로운 재료를 추방하고 천연 재료와 약초로 건강을 챙길 수 있는 밥상을 차리는 일이 중요합니다."

그의 지적은 잘못된 밥상으로 인해 오만 가지 병에 걸리는 현대인에게 시사하는 바가 크다.

중국에는 약죽 전문점이 많고, 일본 열도 곳곳에서도 사람들이 약선요리를 즐긴다. 우리나라에도 최씨와 같은 약선요리 전문가들이 더 등장하고 이를 즐기는 시민이 많이 생겨나기를 기대한다. 그것이야말로 건강 사회를 이루는 좋은 방편일 게다.

겨우살이약밥은 노르스름한 빛이 약간 감도는 밥인데 오래 먹으면 고혈압, 관절염, 중풍 등의 예방에 도움 된다.

암 고치려면 신선식품
즐겁게 먹어야

암 예방 및 치료를 위해 유념해야 할 두 가지 사실이 있다. 하나는 제철에 자연이 준 신선식품을 먹어야 한다는 것이고, 다른 하나는 즐겁게 생활해야 한다는 점이다.

이 두 가지는 양의사와 영양학자는 물론이고 한의사도 대체로 동의하는 해답이다. 물론 암 환자는 일단 발달된 현대의학의 혜택을 최대한 활용해야 한다. 문제는 암이란 병이 워낙 고질적이어서 병원에서만 해결하기엔 역부족인 측면이 있다는 점이다.

무엇보다 암은 잘못된 식생활이 원인인 경우가 많다. 음식물을 통해 몸 안에 들어오는 각종 독소가 가장 큰 문제다. 지나치게 가공해 생명력이 많이 소실된 식품과 방부제, 발색제 따위 화학 식품 첨가물을 너무 많이 함유한 식품도 인체에 좋을 턱이 없다. 이런 식품은 우리 몸의 세포와 유전자가 '맛이 가게 하는 데' 기여한다.

이와 달리 그 계절에 자연이 선사한 신선 농산물과 산나물 등은 세포와 유전자에 활력을 불어넣는다. 이들 먹을거리에는 꾸밈이나 거짓이 없다. 물론 독버섯처럼 체내에서 독으로 작용하는 것들도 있지만, 조상 대대로 경험을 통해 좋은 먹을거리로 판명 난 천연식품들은 대체로 암 예방 및 치료에 도움 되는 것들이다.

즐거운 마음가짐도 매우 중요하다. 항상 밝은 마음으로 '나을 수 있다'는 긍정적 사고를 가질 때 암도 위세를 떨치지 못한다. 미국 스탠퍼드 의대 세포생물학자 브루스 립튼(Bruce Lipton)은 암 환자들이 마음속에 두려움보다 좋아진다는 확신을 가질 때 유전자 코드가 재배열되는 현상을 구체적으로 증명했다. 미국 포트워스 암 연구센터의 방사선 종양학자 칼 사이먼튼(Carl Simonton)은 암환자가 방사선 치료를 받으면서 '암이 아이스크림 녹듯 사라진다'는 상상을 하면 실제 그것이 실현되는 것을 입증했다. 긍정의 힘은 이렇듯 위대하다.

우리나라에서는 한만청 박사(전 서울대병원장)가 이와 유사한 방법으로 암을 극복한 대표적인 사람이다. 〈암과 싸우지 말고 친구가 돼라〉란 책을 펴내기도 한 그는 1998년 간암 말기 판정을 받고 생존율 5% 미만이란 절망적 상황에 내던져졌다. 다행히 수술이 잘 돼 기적적으로 완치를 앞두고 있을 무렵, 이번에는 폐암이 발생했다. 암이 간에서 폐로 전이된 것이었다.

그러나 그는 결국 이 모든 난관을 극복했다. 가장 큰 비결은 현대의학의 치료를 신뢰하고 항상 신선한 식품을 섭취한 것이었다. 또 다른 비결은 항상 즐겁게 생활하며, 식사할 때도 즐겁게 먹는 것이었다고 한다. 그는 저서 〈암과…〉뿐 아니라 각종 신문, 방송과의 인터뷰나 대중 강연 자리에서 늘 이같은 생활습관의 중요성을 강조한다.

고기를 지나치게 먹는 것은 문제지만 채소, 과일과 함께 적당량 먹으면 체내 영양소가 균형을 이뤄 건강 유지에 도움 된다.

한 박사는 인스턴트 음식을 멀리하고 짠 음식도 경계했다. 그러나 이것저것 가리지 않고 골고루 먹는 습관만큼은 지속했다. 육류를 배제하고 채소만 먹는 것도 옳지 않다는 생각이다. 고기를 지나치게 먹는 것은 문제지만 채소, 과일과 함께 적당량 먹으면 체내 영양소가 균형을 이뤄 건강 유지에 도움 된다고 한다.

항간에서 암 치료에 좋다고 광고하는 건강식품들도 먹지 않았다. 각종 영양제니, 녹용이니, 굼벵이니 하는 것들에도 현혹되지 않았다. 그는 이런 저런 항암제를 찾기 전에 냉장고부터 청소해야 한다는 생각을 견지했다.

냉장고의 빈자리가 커질수록, 식탁 위의 먹을거리들이 자연에 가깝고 신선할수록 암에 걸릴 가능성은 그만큼 줄어든다는 것이 그의 확고한 생각이다. 결국 가공되지 않은 음식을 신선할 때 빨리 먹는 것 이상의 항암식품은 없다는 얘기다.

식생활 외에 자신에게 맞는 운동을 하는 것도 중요하다고 한다. 다만 운동도 자기 몸의 균형을 적당히 유지해가며 즐겁게 할 수 있어야 한다고. 무리한 운동은 과로로 이어져 되레 건강을 해치게 된다고 한다. 암의 발병은 이렇듯 상식을 벗어난 라이프스타일과 관계가 있다는 지론이다.

금연은 기본이다. 그는 암과 함께 하고 싶으면 담배를 피우라고 말한다. 암에 대해 자신감을 갖고 암과 친구가 되는 여유를 가지라고 귀띔한다.

서울대병원장을 지낸 현대의학의 대부가 스스로 암 투병 경험을 바탕으로 권하는 사항이니 이보다 더 나은 조언도 찾기 어려울 것이다. 그러므로 암 환자라면, 혹은 가족의 암 발생이 걱정되는 주부라면 제철에 거둔 천연식품을 가까이하며 필히 긍정적으로 살 일이다.

제철에 하늘이 준 천연 먹을거리들이야말로 암의 범접을 막는 우군이다.

다행히 우리 땅에는 하늘이 내린 귀한 먹을거리가 많다. 산야에 널린 산나물, 들나물이 그것이다. 가을산은 각종 맛깔 나는 버섯을 비롯해 다양한 실과(實果)를 선물한다. 산이 많고 골짝마다 간수가 흐르는 한반도가 가진 특성이다.

농약을 치지 않고 퇴비로 거름지게 한 땅에서 가꾼 유기농 채소와 과일, 곡식도 보약이다. 한 박사가 권하는 신선한 먹을거리들은 바로 이런 것들일 것이다. 값비싼 건강식품 찾아다니느라 주머니 비우고 시간낭비 할 필요 없다. 제철에 하늘이 준 천연 먹을거리들이야말로 암의 범접을 막는 우군이다.

암과 음식의 관계

암이란 한자어(癌)에 대해 '식품(品)을 산(山)처럼 많이 먹어 생긴 병'으로 뜻풀이하는 사람들이 있다. 의미심장한 해석이다.

이 해석처럼 암은 실제 음식과 많은 상관관계를 맺고 있다. 세계보건기구는 서구국가의 경우 음식물이 암 유발 요인의 약 30%를 차지한다고 밝히고 있다. 우리나라 의학계에서는 한국인의 암 발병 요인 중 음식물의 비중을 41%로 보고 있다. 세계암연구재단과 미국국립암연구소 등 주요 암 연구기관들도 음식과 담배, 과체중 및 비만이 암을 일으키는 주요 원인이라고 밝히고 있다. 결국 암은 발암물질이나 담배 연기를 끌어들여서, 또는 지나치게 많은 음식이나 영양이 불균형한음식을 먹어서 생기는 병이란 얘기다.

세계암연구재단은 암 예방을 위해 지방질, 설탕 등의 함량이 많고 섬유질이 적은고밀도 에너지 식품과 설탕 음료의 섭취를 줄일 것을 권한다. 쇠고기, 돼지고기, 양고기 등의 붉은 색 육류와 육류 가공품도 피하는 게 좋다고 밝힌다.

대신 다양한 종류의 채소, 과일, 도정하지 않은 곡식류 및 싹콩류(pulses)를 더많이 먹을 것을 권고한다. 콩깍지째 먹는 콩, 딸기류, 배추과 채소, 암록색 잎채소류, 아마인, 마늘, 포도와 포도주스, 녹차, 된장콩, 토마토 등은 이 재단이 추천하는 대표적인 암 예방 식품들이다.

하루 30가지 식재료와
검정깨환

홍문화 박사는 우리나라 약학박사 1호다. 일찍이 미국 명문 퍼듀
대에서 학위를 받고 서울대 약학대학장과 국립보건원장, 세계약학
회 부회장 등을 지냈다. 정년퇴직 후에도 30년간 건강 전도사로서
왕성한 활동을 했다. 말년에 허리를 다쳐 고생한 것을 제외하고는
생전에 늘 활기 넘치는 인생을 살았다. 80세가 넘어서도 건장한 체
격에 우윳빛 살결을 지녀 '늙은 젊은이'라 불러도 지나치지 않을 정
도였다.

나는 1980년대에 그를 가끔 만났다. 신문기자로서 필자인 그의
원고를 수령하기 위해서였다. 당시는 요즘처럼 인터넷이 발달하지
않았고 컴퓨터도 없었다. 홍 박사는 누런 원고지에 세로로 원고를
작성했고, 나는 그를 직접 만나 원고를 받아오곤 했다.

홍 박사의 집은 서울 동작구 흑석동 중앙대 부근 언덕마루 위에 있었다. 언덕길을 오르면 숨이 차올라 마치 가벼운 운동을 하는 기분이었다. 홍 박사는 매일같이 그 길을 오르내렸다. 노구(老軀)임에도 젊은이 못잖은 활력으로 지하철 계단도 수없이 오르내리며 사회활동을 하고 있었다. 언젠가 그가 나와 함께 그 언덕길을 걸어 내려오다가 넌지시 말했다. "자가용을 왜 탑니까. 이렇게 언덕길 휙휙 올라 다니고 지하철 계단 오르내리는 것보다 좋은 운동이 없어요. 운동을 따로 시간 내서 할 필요 없어요. 나처럼 일상적으로 부지런히 걸어 다니면 그 자체가 훌륭한 운동이 됩니다."

그의 집 정원은 약초원이었다. 약이 되는 풀, 꽃, 나무들이 정원에 가득했다. 심지어 바닥에도 잔디 대신, 잔디와 유사하지만 키가 더 크고 무성한 맥문동을 심었다. 약학박사 집다웠다.

그도 젊은 시절은 병약한 때가 있었다고 했다. 30대 초반 모습이었을 것이다. 안방 벽에 걸어놓은 한 장의 흑백 사진 속에는 멸치처럼 바짝 마른 그의 '과거'가 담겨 있었다. 노인이지만 건강과 체격이 출중한 현재의 그가 사진 속의 그 인물과 동일인이란 게 잘 믿기지 않았다.

"위·십이지장궤양에 시달릴 때 사진이에요. 학문적 성과가 나타나지 않다보니 스트레스로 병을 얻은 겁니다. 그 당시 내가 내 몸을 놓고 실험했습니다. 우선 술, 담배를 끊었어요. 그리고는 스트레스를 느낄 겨를도 없이 학문에 더욱 몰두했지요."

완전한 몰입은 스트레스를 차단해 병의 원인을 없애주었을 뿐 아니라 학문적 성과도 크게 높여주었다고 했다. 위장병으로 고생하는 현대인들이 주로 양약에 의존하는 경향인데, 스트레스가 원인일 때는 약을 먹어도 소용없는 경우가 많다고 했다. 이럴 경우는 차라리 노력을 배가하고 집중해 효과를 높이는 것이 병도 낫고 성과도 높이는 좋은 방법이란 얘기였다.

홍문화 박사는 80세가 넘어서도 건장한 체격에 우윳빛 피부를 지녀 '늙은 젊은이'라 불러도 지나치지 않을 정도였다.

"참깨는 동의보감에 오래 먹으면 몸이 가벼워지고 늙지 않을 뿐 아니라 기갈에도 잘 견디는 것으로 소개돼 있어요."

홍 박사의 식탁에는 늘 부인 박문희 여사의 정성이 한 가득 올랐다. 홍 박사는 "하루에 조금씩 해서 30가지 이상의 식재료를 먹는다"고 했다. 그래야 각종 영양분이 골고루 흡수돼 건강이 도모되고 질병이 예방된다는 것이었다. 그리고 아무리 바빠도 하루 한 끼 이상은 온 가족이 둘러앉아 오순도순 식사를 한다고 했다. 영양뿐 아니라 '정'을 함께 먹어야 최적의 건강이 실현될 수 있다는 것이 그의 식이철학이었다. 그런 그에게는 독특한 음식 건강법이 하나 더 있었다. 검정 참깨로 만든 '정신환(靜神丸)'을 평소 틈틈이 먹는 것이었다. 정신환은 검정 참깨를 찜통에 쪄 가루 낸 다음 꿀에 재어 만든다고 했다. 이것을 허리춤에 차고 다니며 틈틈이 강정 먹듯이 꺼내 먹는다는 것이었다.

"참깨는 동의보감에 오래 먹으면 몸이 가벼워지고 늙지 않을 뿐 아니라 기갈(飢渴)에도 잘 견디는 것으로 소개돼 있어요. 노(魯)나라 때 한 여자가 곡식을 먹지 않고 참깨만 날 것으로 먹었는데, 여든이 넘도록 힘이 넘쳐 하루 300리 길을 거뜬히 걸었다는 얘기도 전해집니다. 나도 매일 참깨를 먹기 때문에 피로한 줄 모르고 일합니다."

홍 박사는 덕분에 콜레스테롤이 잘 조절돼 정상 혈압을 유지할 수 있을 뿐 아니라, 신진대사가 활발해 활력이 젊은이 못지않다고 자랑이 대단했다. 정신환이야말로 불로장생의 묘약이요, 건강식품의 왕이란 얘기였다. 홍 박사는 특히 참깨는 8곡(穀) 중 으뜸이어서 기력을 북돋고 피부 빛을 좋게 하며, 골수와 뇌를 충실히 해주고 근육과 뼈를 단단히 해준다고 힘주어 말했다. 따라서 일을 많이 하는 노동자, 농민이나 운동선수들이 참깨를 장기간 먹으면 건강에 상당히 도움 될 것이라는 조언도 아끼지 않았다. 우윳빛 건강한 얼굴에 해바라기 웃음을 가득 담고 활기차게 이야기하던 건강 전도사의 모습이 지금도 눈앞에 삼삼하다.

하루 30가지 이상 식재료 먹기

음식을 골고루 먹는 것이 건강을 위해 중요하다. 많은 질병이 편식에서 비롯된다는 것이 홍 박사의 지론이다. 따라서 값비싸고 이상한 건강식품을 찾을 게 아니라 최대한 다양한 종류의 식재료를 구해 먹는 지혜가 필요하다고 그는 강조했다. 사람이 먹는 식품치고 몸에 필요한 성분이 들어 있지 않은 것은 없다. 그렇다고 해서 한 가지 식품만 먹어서 건강을 달성한다는 것도 불가능하다. 그런 점에서 원 푸드 다이어트는 매우 위험하다. 식품을 가리지 않고 이것저것 골고루 먹으면 다양한 영양소가 몸 안에 들어가 신체를 튼튼히 해줄 뿐 아니라 설혹 나쁜 성분이 있더라도 서로 중화 상쇄시켜 건강에 지장이 없게 만든다. 자연의 이치는 이처럼 오묘한 것이다. 그러므로 홍 박사는 식품을 크게 6개 군(群)으로 나눠 각 군의 식재료를 매일같이 식탁에 올리는 지혜가 필요하다고 역설했다.

- 제1군(양질의 단백질) 생선, 육류, 달걀, 콩
- 제2군(칼슘 풍부한 식품) 우유, 유제품, 뼈째 먹을 수 있는 잔생선, 미역
- 제3군(카로틴) 녹황색 채소
- 제4군(비타민 C와 미네랄) 담색 채소, 과일
- 제5군(당질성 에너지원) 쌀밥, 잡곡밥, 빵, 국수류, 감자류
- 제6군(지방성 에너지원) 유지류

한호선

몸과 땅이 하나인
'신토불이 밥상'

신토불이(身土不二)는 몸과 태어난 땅은 하나란 뜻으로, 제 땅에서 산출된 것이라야 체질에 잘 맞는다는 말이다. 그런데 어째서 몸과 땅이 하나인가. 자칫 얼토당토하지 않게 들릴 수 있지만 곰곰 생각해보면 지극히 옳은 표현이다.

우리 몸의 성분은 우리가 발을 딛고 살아가는 흙의 성분과 물질 순환 과정을 통해 상호 교류한다. 교류의 매개체는 농산물, 산채, 해산물, 축산물 등이다. 농산물과 산야초가 흙의 영양분을 흡수해 인체에 제공하는 방식이다.

사람이 갯벌의 자양분을 직접 받아들일 수는 없으므로 매개체 역할을 하라고 낙지와 조개가 존재한다. 바닷고기와 해조, 식량으로 제공되는 뭍의 짐승 등도 마찬가지 기능을 한다. 따라서 제 고장에서 나온 농수산물이 제 몸에 잘 맞는 것은 당연한 이치다. 그런 점에서 먼 나라에서 수입한 먹을거리들은 우리 체질에 잘 들어맞을 턱이 없다.

간혹 수입한 농수산물이 더 맛있는 경우도 있긴 하다. 예를 들어 제철에 나온 캘리포니아 오렌지나 칠레산 포도는 당도가 뛰어나다. 이는 산지의 풍부한 광량이 당도를 높여주기 때문이다. 그러나 우리 미각에는 왠지 자연스럽게 어필하지 못하는 측면이 있다. 달긴 해도 다소 어색한 것은 우리 몸에 잘 맞지 않는다는 증거다.

서양인에게도 우리의 쌀밥이나 배추김치, 된장 등이 어울리지 않는다. 미국산 쇠고기는 미국인, 유럽산 돼지고기는 유럽인, 한우고기는 한국인 입맛에 각각 잘 들어맞는다. 시대가 바뀌어도 부정할 수 없는 자연의 이치다.

한호선 박사는 이러한 '신토불이 밥상'의 중요성을 강조하는 인물이다. 그는 농협회장이던 1990년대에 신토불이 운동을 하나의 국민운동으로 승화시킨 장본인이기도 하다.

1993년 지구촌에서 신자유주의 물결에 편승해 우루과이라운드 협상이 타결됐다. 우루과이라운드는 각국의 보호무역 추세를 완화해 세계의 무역 자유화를 실현하기 위해 1986년 출범한 다자간(多者間) 무역협상이다.

따라서 이 협상의 타결은 우리나라도 농수산물을 포함해 많은 품목의 관세를 낮추지 않을 수 없게 됐음을 의미했다. 이는 국제 경쟁력이 취약한 우리나라 농어가에 큰 타격이 됐다.

한 박사에게는 농가 보호를 위한 논리 개발이 절실했다. 그때 혜성처럼 다가온 것이 신토불이다. 그는 '우리 몸에는 우리 농산물'이란 캐치프레이즈를 내걸고 농협 조직망을 통해 신토불이 운동을 대대적으로 전개했다. 이는 당시 건강식 운동으로서 물이 스펀지에 스며들듯 사회 각계각층에 잘 전파됐다.

우리 몸의 성분은 우리가 발을 딛고 살아가는 흙의 성분과 물질 순환 과정을 통해 상호 교류한다.

제 고장에서 나온 농수산물이
제 몸에 잘 맞는 것은 당연한
이치다.

신토불이란 용어는 이처럼 사회 격변기에 한 박사 덕분에 대중에게 알려졌지만 본래는 조상 때부터 자연건강식 실천을 위한 식이철학으로 이용돼 온 것이다.

이는 연원을 거슬러 올라가면 불교 경전의 십불이문(十不二門)에 가 닿는다. 불교의 십불이문에는 의정(依正)불이문, 자타(自他)불이문, 색심(色心)불이문 등 10가지가 있다. 이중 의정불이문의 의정은 의보(依報)와 정보(正報)를 가리킨다.

여기서 의보란 우리 몸이 의지하는 국토(國土) 등을, 정보는 과거에 지은 행위의 결과로 받은 몸(身)을 의미한다. 결국 토(土)와 신(身)이 둘이 아닌 하나(不二)란 뜻의 신토불이란 용어의 조합이 가능했고 이를 건강식 실천을 위한 용어로 차용한 것이다.

어찌됐든 신토불이는 이러한 심오한 배경에서 나온 표현으로, 수입 개방에 대응한 방어 논리와 상관없이 우리의 건강한 삶을 위한 소중한 식이(食餌) 철학으로 굳어졌다.

한 박사는 신토불이 운동 전개를 통해 자신의 밥상은 물론이고 많은 한국인의 식탁을 신토불이 방식으로 바꿔놓은 주인공이 됐다. 전국에 2,000여 개의 우리 농산물 전문판매점인 하나로마트와 하나로클럽이 들어선 것도 그의 노력이 절대적인 밑거름이 됐다. 요즘도 양재하나로클럽 등에서는 우수한 우리 농축산물을 전문적으로 갖춰놓고 판다. 신토불이 먹을거리를 선호하는 주부들은 대부분 이같은 하나로클럽 마니아들이다.

서양에도 신토불이와 유사한 식이 철학이 있다. 로컬푸드와 슬로푸드다. 로컬푸드는 말 그대로 지역에서 생산한 식품을 먹자는 운동이다. 슬로푸드도 비슷한 개념인데, 패스트푸드의 폐해에 저항하는 과정에서 생겨났다. 패스트푸드와 정크푸드가 비만을 비롯한 각종 성인병 발생의 주범으로 몰리면서 등장한 이들 건강식

신토불이는 이러한 심오한 배경에서 나온 표현으로, 수입 개방에 대응한 방어 논리와 상관없이 우리의 건강한 삶을 위한 소중한 식이철학으로 굳어졌다.

운동이 서양에서 점점 확산되는 추세다.

이같은 건강식 운동의 연장선 위에서 '제로 마일(zero mile) 운동'과 '농산물 이동거리 0㎞ 운동'마저 생겨났다. 이는 국내산이어도 자기 마을에서 생산된 것 외에는 먹지 말자는 운동으로, 로컬푸드나 슬로푸드보다 내용이 엄격하다.

일본에도 신토불이와 유사한 지산지소(地産地消) 운동이 있다. 로컬푸드처럼 '지역에서 생산한 농산물을 지역에서 소비하자'는 운동이다. 일본에는 예부터 사방 16㎞ 이내에서 산출된 먹을거리를 섭취하는 게 건강에 유익하다는 속담이 전해 온다. 이같은 민속학적 배경에서 출발한 것이 지산지소 운동이며, 일본인들의 이에 대한 애정은 대단하다.

일본 열도 곳곳의 마을별로 독특한 특산 식품과 사케 등 특산주가 무수히 생산돼 주민들에 의해 소비되는 것을 보면 이를 알 수 있다. 일본도 수입 개방의 파고를 피해갈 수는 없었지만 이들 특산 먹을거리들이 견고한 소비 기반을 바탕으로 꾸준히 생명력을 이어가는 것을 보면 지산지소에 대한 그들의 자긍심이 읽어진다.

이와 달리 우리의 신토불이 철학은 날이 갈수록 빛이 바래는 것 같아 안타깝다.

미국과 유럽연합 등 거대 경제권과의 자유무역협정 발효로 개방이 가속화하면서 수입 농수산물 홍수 시대가 되고 말았다. 대형마트마다 와인과 유제품 등 가공식품은 말할 것도 없고 채소, 과일, 육류 등도 수입품 일색이다. 싼 가격을 경쟁력으로 밀고 들어오는 데는 신토불이 먹을거리들이 당해낼 재간이 없다.

장차 중국과의 자유무역협정 협상마저 타결되면 신토불이가 '철학적 유물'이 돼 박물관에나 들어앉는 신세가 되지 않을까 걱정된다.

자연건강식의 5대 원리

● **시식(時食)** 제철 식품 먹기. 농수산물, 산나물, 들나물 등 모든 식품은 그 계절에 산출된 것이 영양가 외에 에너지도 충일해 건강에 도움 된다는 내용.

● **비가공식(非加工食)** 되도록이면 가공하지 않고 자연 그대로의 것을 섭취해야 좋다는 뜻. 가공을 하면 할수록 식품의 생명력이 소실되며 다른 첨가물이 들어가 자연에서 멀어지게 됨. 칼질도 적게 할수록 좋다고 함.

● **일물전체식(一物全體食)** 하나의 농수산물은 전체를 다 먹어야 한다는 원리. 채소는 잎, 줄기, 뿌리를 통째로 먹고 과일도 껍질까지 먹을 때 그 식품의 영양가와 에너지를 모두 받아들여 좋다고 함.

● **신토불이식(身土不二食)** 우리 몸과 우리 땅의 성분은 물질 순환 과정에서 상호 교류하므로 제 고장에서 거둔 농수산물이 자기 체질에 잘 맞는다는 의미.

● **균형식(均衡食)** 다양한 먹을거리를 골고루 먹어야 한다는 원리.

흥부처럼 먹어라

임락경 목사는 자신을 '돌파리(突破理)'라고 부른다. 이는 '이치를 몸소 부딪쳐 안 사람' 정도로 해석될 수 있는 호칭이다. 그렇다고 잘났다고 그러는 것은 아니다.

의사나 한의사가 아닌데 늘 사람 병 고쳐주는 상담을 하니 '돌팔이' 소리를 듣기 십상이다. 하지만 환자들은 그에게 목을 매고 그는 주사나 약이 아닌, 의식주 생활 개선으로 병 고치는 법을 일러준다. 그런데도 불치병을 물리쳐준 경우가 허다하다. 그러니 '돌팔이' 소리 듣는 게 억울하다. 그래서 '돌팔이'보단 좀 더 나은 '돌파리'란 별명을 스스로 지어 붙인 것이다.

그런데 그 수식어가 그에겐 딱 어울린다. 그는 50년 가까이 농사 짓고 밥 지어 심신이 불편한 사람들을 먹여 살렸다. 지금은 강원도 화천의 시골교회에서 그런 생활을 한다. 오랫동안 장애인들을 돌보면서 음식과 병의 상관관계를 연구하고 직접 실험하기도 했다.

모르는 것은 양의나 한의사에게 묻고 조언을 구했다. 민간요법과 식이요법, 약초요법을 두루 익혔고 〈동의보감〉 같은 한의학 고전들도 섭렵했다. 그에겐 '생이지지(生而知之)'라고나 할 수 있는 타고난 '끼'도 있었다. 이러한 것들이 집대성돼서 임락경이란 '돌파리'가 탄생한 것이다.

그는 대학에서 외래교수로 강의도 한다. 강의실에서 음식과 건강, 질병의 연관성을 설파할 때마다 대학생들은 감탄을 금치 못한다. 대부분 경험을 통해 터득한 내용으로 진실성이 넘치기 때문이다. 전국에서 강연 요청이 쇄도하지만 이를 다 받아들이지 못해 미안하다. 전국의 1,000여 정통 유기농업인들의 모임인 '정농회' 회장도 역임했다. 이 정도이니 이제 그를 건강 전도사 반열에 올려 '돌파리'란 어정쩡한 호칭을 거둬 주는 것이 합당할 듯도 하다.

어찌됐든 그는 오늘도 그에게 찾아오거나 전화하는 환자들에게 친절히 병 낫는 법을 알려주느라 쉴 겨를이 없다. 음식과 질병의 상관관계에서 그는 경험을 통해 터득한 확고한 생각을 몇 가지 갖고 있다. 그중 하나는 요즘은 너무 많이 먹어서 생기는 병들이 많다는 것이다. 따라서 흥부처럼 먹어야 병을 고치고 건강해질 수 있다는 얘기다.

"먹을 것이 없을 때 못 먹어서 생긴 병에는 갖가지 약이 필요했고, 또 약들이 효능이 있었어요. 요새는 너무 많이 잘 먹어서 생기는 병이 문젭니다. 지금 우리는 옛날 황제보다 더 잘 먹고 살아요. 요새 흔한 성인병은 음식 그만 들여보내라고 몸이 보내는 신호입니다. 많이 먹어서 생긴 병이니 적당히 굶어주는 게 보약이지요."

그는 많이 먹어서 생기는 질병의 단적인 예가 고혈압과 당뇨병이라고 말한다. 상다리 휘어지면 혈압이 짓눌러 저승길을 재촉하

고혈압이나 고지혈증 환자라면 혈액을 맑게 하는 음식을, 그것도 평소보다 적게 먹는 습관을 들여야 한다.

고 당뇨가 신체로 하여금 '맛이 가게 만든다'는 것이다. 이들 병을 물리치는 가장 좋은 방법은 거칠게 먹고, 입에 쓴 것을 먹으며, 덜 먹는 것이라고 한다. 즐겨 먹던 기름진 음식과 단 음식을 끊는 게 중요하다고 강조한다.

그는 우스갯소리에 가까운 비유를 들어 설명한다.

〈심청전〉에서 심 봉사가 왜 눈을 떴느냐? 그것은 뺑덕어멈 도망 간 뒤 여기저기 빌어먹다 당뇨병이 나아서다. 그런데 〈흥부전〉에서 돈 많은 놀부는 왜 자식이 없었나? 그것은 흰쌀밥에 고기 먹고 땀 안 흘렸기에 정력이 좋지 않아서다. 반면에 흥부는 잡곡 먹고 고기 못 먹고 땀 많이 흘려 성욕이 강했기에 아이를 16명이나 낳았다.

당뇨 환자라면 이제부터라도 흥부 음식인지, 놀부 음식인지 잘 구분해 먹어야 한다. 고혈압이나 고지혈증 환자라면 혈액을 맑게 하는 음식을, 그것도 평소보다 적게 먹는 습관을 들여야 한다. 그런데 현실은 그렇지 않아 안타까울 때가 많다. 배에 기름이 잔뜩 낀 남성일수록 삼겹살을 더 찾고, 제육덮밥을 고른다. 저승사자가 빨리 데려가려고 입안에 기름덩어리를 끊임없이 떠 넣어주는 꼴이다.

그는 암도 고치려면 옛날처럼 먹어야 한다는 생각을 갖고 있다. 북한의 암 발병률이 아주 낮고 조선시대나 일제 때, 아니 1970년대만 해도 암 환자가 드물었던 것을 돌이킬 필요가 있단다. 정농회 회원과 역사가 60년이 넘는 일본 애농회 회원들은 손수 가꾼 유기농산물을 먹어서 그런지 암으로 죽는 이들이 없다고 한다. 마구잡이로 입이 원하는 대로 먹지 말고 자연이 준 제철 무공해 식품을 다소 적게 먹으면 암 걱정 없이 건강하게 장수할 수 있다는 것이 그의 철학이다.

그는 관절염도 평소 너무 많이 먹던 음식을 끊어 나은 사례를

그는 암도 고치려면 옛날처럼 먹어야 한다는 생각을 갖고 있다.

자주 목격했다. 불량한 식용유, 트랜스지방, 각종 화학첨가물로 범벅된 가공식품과 항생제 먹여 키운 가축의 고기가 문제란다. 관절이 붓고 쑤셔 고생한다면 이들 잘못된 음식과 과감하게 결별하는 것이 중요하단다. 자극성 있거나, 피를 탁하게 하거나, 독성이 있거나, 지방질 많은 음식을 걸러내느라 콩팥이 생고생하고 그러느라 연골을 제대로 생성하지 못하니 관절도 생고생하게 된다는 주장이다.

"옛날부터 잡곡 먹고 땀 흘리는 가난한 집안에는 3대독자가 없었고, 흰 밥 먹고 땀 안 흘리는 부잣집에는 3대독자가 있었어요. 너무 많이 먹는 습관과 잘못된 식생활은 '차츰'이 아니라 '당장' 끊어야 해요. 집에서 먹든 외식을 하든 제일 좋은 방법은 흥부처럼 검소하게 먹는 겁니다. 그래야 병 안 납니다."

제3장
해외 명사

　| 미국, 유럽, 일본

와인과 스파게티와
떠먹는 요구르트

거스 히딩크(Guus Hiddink)가 즐겨먹은 음식은 와인, 스파게티, 떠먹는 요구르트 등이다. 그가 2002 한·일 월드컵 당시 경기 직후마다 언론과의 인터뷰에서 곧잘 꺼낸 말이 있다.

"일단 오늘밤은 와인 한잔 하고 싶다."

히딩크가 주로 찾은 것은 와인 주산지, 프랑스 보르도산 '샤토 탈보(Chateau Talbot)'다. 아주 달지도 쓰지도 않은 맛인 데다 미디엄 루비 컬러가 눈길을 끌어 우리나라 사람들도 좋아한다. 세계적으로 인기 있는 포도 품종, 카베르네쇼비뇽을 주종으로 담그는 와인이다.

히딩크는 혼자 있기를 좋아해 큰 경기를 마치고 나면 호텔에서 샤토 탈보 한잔을 들며 그날 밤을 자축했다. 그럴 때면 그가 즐겨 듣는 재즈 음악이 분위기를 돋웠다. 평소에도 와인을 자주 마셨지만 과음하지는 않았다. 식사를 곁들여 한두 잔 마시는 정도였다.

스파게티는 히딩크의 주식이다. 저지방 고탄수화물 음식인 스파게티는 빠른 시간에 에너지를 내기 때문에 '이탈리아의 힘'이라고 부른다. 서양인들이 우리의 된장찌개처럼 자주 먹는 음식이다. 토마토, 올리브유, 허브 등에 여러 가지 소스를 섞어내 누구나 맛있게 먹을 수 있다.

히딩크는 미트볼 스파게티에 치즈 가루를 하얗게 뿌려 먹는 습관이 있다. 그는 한국 선수들에게도 경기력 향상에 도움 된다며 스파게티를 적극 권했다.

히딩크는 미트볼 스파게티에 치즈 가루를 하얗게 뿌려 먹는 습관이 있다.

떠먹는 요구르트는 역시 서양인들의 일상 음식이어서 히딩크의 입에도 배어 있었던 것 같다. 그는 떠먹는 요구르트에 시리얼이나 건포도, 견과류 등을 넣어 먹었다. 이 요구르트를 무척 좋아해 하루 1ℓ 이상 먹기도 했다고 한다.

스포츠 감독이나 선수처럼 강인한 체력을 요하는 이들은 음식을 이것저것 가리지 않는 경향이다. 히딩크도 예외가 아니다. 쇠고기 티본스테이크에서부터 햄버거와 생선요리, 갖가지 채소, 과일 등에 이르기까지 그의 식성은 다양한 메뉴를 받아들였다.

그러나 그는 육식보다는 채식을 더 선호한다. 스테이크와 생선요리 등을 적절히 먹어주었지만, 채소와 과일은 다양한 종류를 충분히 먹는 식습관을 지니고 있다. 호텔 식당에 컬러풀하게 갖춰놓은 신선채소와 각국의 과일들 앞에서 그가 잡은 집게는 바삐 움직인다. 이는 그가 건강식을 잘 실천하고 있음을 말해준다.

사람은 나이 들수록 육류보다는 채소, 과일을 다양하게 섭취해 각종 비타민과 미네랄을 충분히 받아들이는 게 중요함은 식품영양학계에서 정설로 받아들여진다. 신체 활력을 높이고 면역력을 증진해 질병을 예방하는 방법으로 적합하기 때문이다. 그런 점에서 히딩크는 현명하다.

히딩크는 또 하나 예외적으로 우리 전통음식을 가까이하지 않았다. 한국을 사랑해 '제2의 조국'으로까지 여긴 그가 한국음식을 즐기지 않은 것은 아이러니다. 너무 짜거나 맵다는 이유에서였다. 그래서 자반고등어, 고추장비빔밥, 마늘, 김치찌개 등을 피했고 선수들에게도 못 먹게 했다. 맵거나 짠 음식은 경기 도중 필요한 순간 체력에 도움이 안 된다는 생각에서였다.

물론 한국 음식은 지나치게 맵거나 짠 것이 문제다. 매운 고추를 심지어 고추장에 찍어 먹는 식습관은 외국인에게 기이하게 비친다. 뜨거운 찌개 국물을 훌훌 들이켜다 보면 염분 섭취가 많은 것도 못 느끼게 된다. 그래서 한국인은 소금 섭취량이 정상치를 훨씬 웃도는 나라로 세계보건기구로부터 낙인찍혔다.

그렇다면 김치찌개는 염분농도를 다소 낮춰 먹으면 될 일이다. 비빔밥도 고추장을 적게 넣어 싱겁게 먹으면 최고의 건강식이 될 수 있다. 요즘 전주비빔밥이 한식 세계화 바람을 타고 세계 각국에서 인기 몰이하는 것을 히딩크가 모르는 것이 안타깝다.

세발낙지와 관련된 히딩크의 일화도 있다. 2001년 한국축구대표팀은 울산에서 훈련을 마치고 저녁을 먹었다. 그때 식탁에 오른 것이 세발낙지였다. 선수들은 낙지를 나무젓가락에 둘둘 말아서

안심 스테이크에서부터 생선요리, 채소, 과일 등에 이르기까지 그의 식성은 다양한 음식을 받아들였다.

그는 떠먹는 요구르트에 시리얼이나 건포도, 건과류 등을 넣어 먹었다.

는 초고추장에 찍어 천연덕스럽게 먹었다. 히딩크와 코칭스태프들의 낯빛이 하얗게 변했다. 훗날 히딩크는 자신의 수기에 당시 상황을 묘사하며 "현기증마저 났다"고 적었다.

물론 세발낙지는 서양인들 눈에 몬도가네식 음식으로 비칠 수밖에 없다. 하지만 그들에게도 그들이 즐기는 기절초풍할 음식이 있다. 서양인들이 마늘 냄새를 싫어하지만 그들에게도 역겨운 냄새의 허브와 향신료들이 많다. 기괴하고 엽기적으로 비치는 것은 그만큼 문화적 차이가 크다는 뜻이다. 히딩크가 2002 월드컵 당시만이 아니라 지금까지 한국 땅에 남아 있었다면 아마도 이런저런 우리 음식에 매우 익숙해졌을 것이라 생각된다.

그렇지만 히딩크는 어차피 떠날 수밖에 없는 사람이었다. '박수 칠 때 떠나라'고 했듯이 그는 정상에 올랐을 때 떠났다. 그는 '정상에 있을 때 떠나야 아름답다'는 생각을 갖고 있었다. 그것이 온 국민의 열화와 같은 잔류 요구를 물리치고 봇짐을 꾸리게 만든 요인이다.

그는 마법의 사나이다. 한·일 월드컵 기간 동안 남한 땅이, 아니 전 세계가 그의 마법에 걸렸다. 하기야 당시 약체이던 한국 대표 팀이 우승 후보로 거론되던 이탈리아와 스페인을 격파하고 4강에까지 올랐으니 세계가 놀랄 수밖에 없었을 것이다. 붉은악마들이 온 도시를 붉은 물결로 수놓았고 안방에서, 마을마다 전 국민이 그의 마술에 걸려들어 제정신을 차리지 못했다.

히딩크가 좀 더 한국 땅에 남아 축구 대표 팀을 지도했더라면 그의 마법이 한층 더 위력을 발휘하지 않았을까 싶다. 만일 5,000년 전 곰을 인간으로 환생시키는 데 기여한 마늘과 고추의 맵찬 기운이 그의 영육에 스며들어 작동했다면 그것이 충분히 가능하지 않았을까.

중국 신장성 100세인들의 음식, 요구르트

목축업을 하는 나라 사람들은 조상 대대로 떠먹는 요구르트를 만들어 식생활에 이용해 왔다. 유럽인들이 그렇고 아시아에서는 중국 북부, 우즈베키스탄, 카자흐스탄, 몽골 사람들이 그렇다. 소젖을 짜두었다가 잘 발효시켜 블루베리나 견과류를 넣어 먹는다. 우리의 김치나 된장찌개에 해당하는 그들의 발효음식이다. 신장성은 중국의 최고 장수 지역이다. 2000년 중국 정부가 실시한 인구 조사 결과 이 지역의 1인당 평균 소득은 300달러가 채 안되지만 평균 연령은 76.3세로 선진국 수준으로 나타났다. 주민들은 주로 목축업과 농업에 종사하고 있다.

서울대 체력과학노화연구소와 조선일보가 2003년 공동 기획한 보고서 〈장수의 비밀〉에 따르면 이곳 장수자들의 식생활 중 가장 두드러진 점은 과일을 많이 먹는 것이라고 한다. 100세 인들의 1인당 연간 과일 섭취량은 200kg 이상으로, 일반 신장 사람들의 126kg을 훨씬 웃돈다. 100세인들은 대부분 과수원을 운영해 일상적으로 과일을 많이 섭취하는 편이다.

또 하나의 특징은 100세를 넘긴 이들의 대부분이 집에서 만든 요구르트를 즐겨 먹는다는 사실이다. 날마다 짜내는 소젖을 발효시켜 두었다가 식사대용으로 섭취한다고 한다. 농사철에는 논밭에서 요구르트에 살구, 복숭아, 사과, 수박 등을 썰어 넣거나 오디, 포도 등을 따 넣어 휘휘 섞어 먹는다. 손님에게도 요구르트를 큰 대접에 담아 내주는 전통이 있다.

그러고 보면 히딩크의 식사 습관이 신장성 100세인들을 많이 닮았다. 식생활만으로 볼 때 장수가 예상되는 마법의 사나이다.

비빔밥 마니아

한류 열풍으로 세계 각국에서 한식이 덩달아 인기다. 10년 전쯤에
는 TV 드라마 〈대장금〉과 〈겨울연가〉 등이 한식을 찾게 만들더니
최근에는 〈소녀시대〉 〈동방신기〉 등의 K팝(한국 팝송) 열풍으로 우
리 음식 마니아들이 꽤 많이 생겨났다.

　일반인들은 물론 해외 유명 스타들까지 한식을 즐기는 것을 보
면 지구촌에서 한국의 이미지가 상당히 업그레이드 된 것을 실감하
게 된다. 미국의 인기 배우 브룩 쉴즈(Brooke Shields), 휴 잭맨(Hugh
Jackman), 헤더 그레이엄(Heather Joan Graham), 리처드 기어(Richard Gere),
니컬러스 케이지(Nicolas Cage), 기네스 팰트로(Gwyneth Paltrow) 등은
모두 한식 마니아임이 언론을 통해 알려졌다.

　그중 기네스 팰트로는 비빔밥을 매우 사랑하는 여배우다. 그녀
는 1995년 영화 〈세븐〉으로 주목받은 뒤 1998년 〈위대한 유산〉과

그녀는 비빔밥을 자신이 가장
좋아하는 음식 중 하나라고 말한다.
현미밥과 함께 먹으면
더 맛있는 건강식이라고.

1999년 〈셰익스피어 인 러브〉 등의 영화로 할리우드 톱스타 자리
에 올랐다. 〈셰익스피어 인 러브〉는 그녀에게 아카데미 여우주연
상과 골든 글로브 여우주연상 수상의 영광을 안겨주었다. 이런 감
동적인 명화의 주인공이 우리 음식 애호가란 사실이 흥미롭다.
  팰트로는 2009년 자신의 웹 사이트 굽 닷 컴(GOOP.com)에 비빔
밥 조리법을 소개하는 동영상을 올려 화제가 되기도 했다.
  동영상에서 그녀는 비빔밥은 자신이 가장 좋아하는 음식 중 하나
라며 "현미밥과 함께 먹으면 더 맛있는 건강식"이라고 소개했다. 비
빔밥 재료인 당근, 우엉, 호박, 버섯, 마늘, 길게 썬 두부, 부추, 김
등을 소개하면서 그중에서도 가장 중요한 재료가 김치라고 강조했

팰트로는 출산 후 비빔밥으로
다이어트에 성공했다고
밝히기도 했다.

다. 그녀는 "김치를 가장 좋아하는 채소음식"이라고 전하기도 했다.

　그녀는 영국과 미국 등지에서 체육관도 운영하며 배우뿐 아니라 건강 전도사로서의 역할에도 충실하고 있다. 따라서 그녀가 남자 요리사와 함께 직접 요리하고 시식도 한 이 동영상은 많은 사람들에게 건강식으로서의 비빔밥을 알리는 데 톡톡히 기여한 것으로 전해진다.

　팰트로는 한 언론과의 인터뷰에서 출산 후 비빔밥으로 다이어트에 성공했다고 밝히기도 했다. 요즘도 날씬한 몸매 유지를 위해 운동 후 저칼로리 다이어트식으로 비빔밥을 챙겨먹는다고 한다. 어느덧 식단이 웰빙 건강식인 한식으로 바뀐 것이다.

비빔밥은 지구촌에 가장 빠르게 확산되고 있는 우리의 대표 음식이다. 팰트로 같은 월드 스타의 자발적인 홍보 덕택이기도 하지만 이미 한식의 세계화 정책이 작동되기 전부터 인기를 끌었다. 세계 기내식 콘테스트와 세계 미식(美食)대회에서 내로라하는 요리 강국들의 음식들을 제치고 모두 1위를 차지한 이력도 있다. 미국과 중국에서 비빔밥 전문점이 꾸준히 증가하고 있고, 일본에서는 가장 인기 있는 한식 메뉴로 자리 잡은 지 오래다.

이렇듯 세계인이 비빔밥의 매력에 빠져든 이유는 그것이 지닌 몇 가지 장점 덕분이다. 첫째는 다이어트에 도움 되는 건강식이란 점이다. 비빔밥에는 시금치, 고사리, 표고버섯, 숙주나물 혹은 콩나물, 무생채, 애호박볶음, 당근채, 상추, 쑥갓 등이 두루 들어간다. 색채만으로도 오방색을 갖춘, 우주의 이치가 담긴 음식임을 알 수 있다. 서양의 건강식 운동인 '5 a day(하루 채소, 과일 다섯 접시 먹기)' 운동에도 부합하는 음식이다.

거기에다 육회나 쇠고기를 약간 곁들이고 방점을 찍듯 달걀노른자를 얹어 내니 보기만 해도 먹음직스럽다. 햄버거 등 패스트푸드와 기름에 튀긴 음식, 육류 음식 등에 청량음료를 마셔대는 서구 식사와 본질적으로 다르다. 서양의 대중음식은 대체로 열량만 높고 영양가는 낮은, 소위 '고열량 저영양(high calories, low nutrients)' 음식들이다. 이와 달리 비빔밥은 '고영양 저열량' 음식의 대표주자다.

바쁠 때 휙휙 섞어 먹고 젓가락을 사용하는 불편도 없어 서양인에게 편리한 점도 작용한 듯하다. 섞어 비비는 데 도움을 주는 것이 고추장과 참기름이다. 고추장은 매콤, 달콤, 새콤한 맛이 신기할 뿐 아니라 음식에 붉은 색을 더해 입안에 군침이 돌게 하는 일

요즘도 날씬한 몸매 유지를 위해 운동 후 저칼로리 다이어트식으로 비빔밥을 챙겨먹는다. 그녀는 김치도 좋아한다.

등공신이다. 또 참기름의 고소한 풍미는 고추장과 짝을 이뤄 비빔
밥의 매력을 돋우는 촉매 역할을 한다.

우리 음식은 이처럼 대체로 웰빙식이며 자연식이고 건강식이다.
채소, 나물이 주는 다양한 비타민, 미네랄에 약간의 단백질과 탄
수화물을 곁들인 굉장히 잘 짜인 웰빙 & 다이어트 메뉴다. 서양식
처럼 버터로 볶고 기름에 튀기는 대신 물로 삶거나 데치고, 온갖
발효의 지혜를 다 보태니 몸에 좋은 유산균이 풍부하고 비만을 초
래할 요인은 별로 없다. 그러니 팰트로 등 몸매 관리가 생명인 서
구의 연예인들에게 특히 더 잘 먹혀 들어갈 수밖에 없을 듯하다.

비빔밥은 세계적인 미녀 스타인 브룩 쉴즈도 즐겨 먹는 음식이
며, 2010년 작고한 팝 황제 마이클 잭슨도 좋아했다. 빨리 먹을 수
있는 패스트푸드지만 내용 면에서는 슬로푸드인 묘한 음식이다.
팰트로가 앞으로는 비빔밥 외에 또 어떤 한식을 자기 웹 사이트에
들고 나올까. 한식을 좋아하는 그녀의 성향으로 볼 때 제2의 한식
이 건강식으로서 굽 닷 컴에 등장할 날도 멀지 않은 것 같다.

한식 좋아하는 해외 스타들

브룩 쉴즈 비빔밥, 파전, 잡채 등을 좋아한다. 뉴욕 코리아타운 인근 마트에서 종종 잡채와 비빔밥 등을 만들기 위해 당면, 채소, 고추장 등을 구입한다. 특히 고추장은 매콤하고 새콤한 맛이 신기해 자주 찾게 된다고. 그녀가 한식당에서 파전과 비빔밥을 즐기는 장면이 미국 시사주간지 〈US 위클리〉에 보도되기도 했다.

니컬러스 케이지 재미교포 앨리스 김과 결혼하면서 한국 음식의 매력에 푹 빠졌다. 미국의 한식당에서 갈비와 불고기를 즐겨 먹는다. 한 때 한식을 좋아 한국을 방문한 적도 있다. 당시 그는 깻잎의 향미에 푹 빠져 깻잎 간장절임을 좋아한다고 밝히기도 했다.

청룽(성룡) 홍콩 출신 할리우드 배우인 그는 가끔 미국 LA 코리아타운에 들러 갈비와 불고기를 먹는다. 부식으로 나오는 김치를 더 잘 먹는 경향이다. 그는 김치광이다.

리처드 기어 불교도여서 채소와 산나물 등으로 차린 사찰음식을 좋아한다. 뉴욕 맨해튼 중심가의 한식당 '한가위'를 가끔 찾아 두부 음식을 즐긴다. 솔잎으로 담근 송차를 아주 좋아한다. 콧속을 타고 올라오는 솔잎 향에 머리가 상쾌해져 즐겨 마신다고 한다.

휴 잭맨 영화 X맨의 주인공인 그는 김치를 직접 담그고 비빔밥을 즐겨 먹는다. 불고기를 쌈으로 싸서 먹는 것도 좋아한다. 2011년 미국에서 방영된 다큐멘터리 '김치 크로니클(김치 연대기)'에 직접 출연해 한식을 요리했을 정도로 우리 음식에 남다른 호감을 갖고 있다. 불고기 쌈에 대해서는 "환상적인 맛"이라고 평가한다.

생굴과 와인 좋아한
불세출의 영웅

'내 사전에 불가능이란 없다'는 나폴레옹 보나파르트(Napoleon Bonaparte)가 남긴 것으로 알려진 전설적인 명언이다. 이 말처럼 그의 인생에 불가능이란 거의 없었다.

지중해 서쪽 코르시카 섬 출신 '비주류'라는 한계를 극복하고 자신의 능력만으로 프랑스 주류층에 진입해 마침내 황제 자리에까지 올랐으니, 훗날 이 명언이 더욱 빛났는지도 모른다. 한때 유럽이 거의 그의 말발굽 아래 놓여 있었으니 그가 불세출의 영웅이었던 것은 틀림없다.

하지만 그의 인생 몇 대목은 이 명언과 부합하지 않는 아이러니를 연출했다. 그는 인생 마지막에 머나먼 아프리카의 세인트헬레나 섬으로 귀양 가 거기서 파란만장한 생을 마감했다. 질긴 운명으로 덮친 결정적인 불가능이 그의 인생에 종지부를 찍고 만 것이다.

그는 전쟁터를 옮겨
다니면서도 생굴을
챙겨 먹었다. 식사 때
주 메뉴보다 생굴을
더 찾았다는 말도
전해진다.

생전에는 그가 건강 증진을 위해 음식에 집착하는 면모를 보이기도 했다. 그중 하나가 생굴 요리요, 다른 하나는 와인이다. 특히 생굴은 그가 전쟁터를 옮겨 다니면서도 늘 챙겨 먹은 것으로 유명하다. 식사 때 주 메뉴보다 생굴을 더 찾았다는 말도 전해진다. 결국 생굴 없는 그의 건강한 식생활이 불가능했다는 말도 된다.

생굴요리는 프랑스인들이 즐겨먹는 전통음식 가운데 하나다. 프랑스 요리는 중국, 터키 요리와 함께 세계 3대 요리로 꼽힌다. 생굴요리를 포함해 달팽이가 주재료인 에스카르고, 거위 간으로 만든 푸아그라, 쇠고기 안심 스테이크인 샤토브리앙 등이 대표적인 프랑스 요리다. 맛뿐 아니라 모양도 예술품에 가깝게 장식해 '눈으로 먹는' 즐거움도 주는 명품 요리들이다.

파리 시내 레스토랑에서 '생굴 모둠'을 주문하면 접시 가득 요런

조런 모양의 굴들이 예쁘게 담겨 나온다. 찝찔한 갯냄새가 감돌며 육질에서 제법 탄력이 느껴진다. 짭조름한 맛, 단맛, 감칠맛 등 입 안에 감도는 느낌도 다양하다. 한번 저작을 하면 즙의 양이 풍부해 마치 '바다의 과즙'을 삼키는 것 같다. 프랑스 정통요리에서는 애피타이저로 흔히 생굴요리가 나온다. 또 크리스마스 자정 예배를 보며 치즈와 함께 레몬즙을 첨가한 생굴을 먹는 풍습도 있다. 굴 애호가가 많아 생굴요리를 메뉴판에 올린 식당과 호텔들이 파리 시내에 즐비하다.

루이 14세 때는 파리에 굴 판매점이 2천 곳을 넘었다고 한다. 프랑스인들의 굴 요리 사랑을 엿볼 수 있게 하는 대목이다. 이런 식문화 전통 위에 건강을 챙겨야 하는 의지도 있었으니 나폴레옹이 궁전이나 심지어 전쟁터에서도 생굴요리를 찾지 않을 수 없었을 것으로 보인다.

남성에게 건강은 정력의 또 다른 말이다. 정력이 밑바탕이 되지 않고서는 야망을 달성할 수 없고 미인도 얻을 수 없다. 나폴레옹에게도 넘치는 정력이 권력을 창출하고 유럽을 집어삼키며 절세의 미인 조세핀까지 얻는 근간이 되었을 것이 틀림없다. 그는 조세핀 외에도 오스트리아 공주 마리 루이즈 등 많은 여인을 사랑한 풍운아다. 그리고 보면 자양강장 식품인 생굴이 프랑스와 유럽의 역사를 바꿔놓는 데 일조했다고도 볼 수 있다.

굴을 좋아한 영웅과 세기의 리더들은 나폴레옹 외에도 많다. 고대 로마의 정치가 세네카와 황제 비텔리우스, 프랑스 앙리 4세와 작가 발자크, 독일 철혈재상 비스마르크 등이 모두 굴 마니아들이었다. 희대의 바람둥이 카사노바의 일화는 굴 애호가 이야기의 백미를 장식한다. 그는 매일 아침 여성과 욕조에 몸을 담근 채 생굴 50개씩을 먹고 사랑을 나눴다는 얘기가 전해진다. 미국인들도 유

나폴레옹은 생굴을 안주로 와인도 제법 즐긴 것으로 알려진다.

럽인 못지않게 굴을 좋아한다. 윌슨과 트루먼 및 케네디 대통령이 뉴욕 오이스터 바(굴요리 전문식당)의 단골손님이었다.

　굴은 어패류 가운데 여러 가지 영양소를 가장 이상적으로 지닌 건강식품이다. 특히 비타민과 미네랄의 보고다. 굴에는 비타민 A, B_1, B_2, B_{12}, 철, 구리, 망간, 요오드, 인, 칼슘 등이 풍부하다. 굴의 단백질을 구성하는 아미노산에는 일반 곡류에 적은 라이신과 히스티딘 등이 많고 소화흡수가 잘된다. 굴의 당질은 대부분 글리코겐인데, 역시 소화흡수가 잘돼 병약한 사람의 체력 보강을 위해 권장된다. 특히 타우린은 콜레스테롤을 낮추는 작용을 하고, 아연은 스태미나 강화에 효과가 있다. 굴에 들어 있는 아연을 '섹스 미네랄'이라고도 부른다. 남성의 정력과 건강뿐 아니라 여성의 미

와인이나 굴 요리를 접할 때 기왕이면 나폴레옹의 스토리도 함께 음미하자. 식탁의 대화가 풍성해진다.

용 증진에도 톡톡히 기여하는 식품이다.

그래서 굴에는 예부터 '사랑의 묘약' '바다의 우유' '먹는 화장품' 등의 별명이 따라다녔다. 심지어 서양 속담에는 '굴을 먹어라. 그러면 사랑을 오래 할 것이다.(Eat oysters, love longer.)'란 말도 있다. 그러하니 고래로 그 많은 인물들이 굴을 가까이할 수밖에.

나폴레옹은 굴을 안주로 와인도 제법 즐긴 것으로 알려진다. 생전에 50여 차례의 전쟁을 치른 그는 전쟁에 나설 때면 반드시 샹베르탱 와인을 챙겼다고 한다. 샹베르탱은 포도와 와인 주산지인 부르고뉴 지방의 명품 와인이다. 심지어 러시아 원정 때도 모스크바를 점령한 뒤 승전의 기쁨을 만끽하기 위해 크렘린 궁에서 샹베르탱을 마셨다는 기록도 전해진다.

와인과 함께 샴페인도 즐긴 그는 생전에 샴페인에 관해 언급하면서 "샴페인은 승리의 순간 마실 가치가 있으며, 패배했을 때도 필요로 한다.(In victory you deserve champagne, in defeat you need it.)"란 말도 남겼다. 코냑에는 나폴레옹 등급도 있다. 모두 나폴레옹과 프랑스 전통 주류들의 인연을 나타내는 현상들이다.

우리나라에도 와인과 굴 애호가들이 많다. 서해안과 남해안에 굴 양식장들이 많고 통통하여 어린애 손바닥만 한 양식 굴에서부터 조막만한 토종 굴까지 있으니 식성대로 즐길 수 있다. 요즘은 수입 개방 확대로 프랑스, 칠레, 남아공 등 와인 주산지의 저렴한 와인들이 물밀 듯 밀려 들어와 있으며, 국내산 포도로 담근 토종 와인들도 다양한 종류가 선보인다. 이들 와인과 굴 요리를 가까이 하는 것이야말로 건강과 낭만을 함께 하는 식생활일 것이다.

와인을 마시거나 싱싱한 굴 요리를 접할 때 기왕이면 나폴레옹의 스토리도 함께 음미할 일이다. 식탁의 대화를 풍성하게 하는 방법이 될 것이다.

생굴 맛있게 먹는 법

생굴은 오돌오돌하고 통통한 것이 좋다. 유백색으로 미끈미끈하며 손가락으로 눌러보아 탄력이 있고 바로 오그라드는 것이 신선한 것이다.

축축 늘어진 볼 살처럼 탄력이 없거나 코를 막게 하는 고약한 냄새가 나는 굴은 고르지 않는 것이 좋다. 상한 것도 하루쯤 물에 담가 놓으면 싱싱한 것처럼 보이므로 살 때 탄력성을 잘 살펴야 한다.

처음 씹었을 때 비릿하지 않고 단맛이 나는 게 좋은 굴이다. 뒷맛이 오래 남는 것이 양질의 굴이다.

칼로 굴 껍데기를 벌리자마자 레몬즙을 한 방울 떨어뜨려 먹으면 싱싱한 맛이 더욱 살아 오른다. 굴은 알칼리성이어서 산성인 레몬이나 식초 등과 잘 어울린다. 껍데기 속의 짭짤한 바닷물과 함께 먹는 것도 제대로 즐기는 방법이다.

장어젤리의
뛰어난 스태미나 효과

축구야말로 강철 체력을 요하는 스포츠다. 전·후반 경기를 다 뛰고 나면 체력이 바닥난다. 공을 전속력으로 몰거나 쫓는 것은 물론이고 상대와의 몸싸움에서도 밀리지 않아야 하니 힘들 수밖에. 관중들은 흥미진진하지만 선수들에겐 지옥이 따로 없다.

간혹 필드에서 심장마비 등으로 쓰러져 식물인간이 되거나 그대로 세상을 뜨는 선수들도 본다. 무지막지한 그 운동의 속성으로 볼 때 그런 불상사도 발생할 수밖에 없다.

그래서 축구선수로서 펄펄 날며 팀의 승리를 이끄는 유명 선수들을 보면 '어디서 저런 체력이 뻗칠까' 싶어 감탄의 췟사가 절로 나온다. 과거 아르헨티나 축구 영웅 디에고 마라도나(Diego Maradona)가 그랬고, 요즘 크리스티아누 호날두(Cristiano Ronaldo)와 리오넬 메시(Lionel Messi), 웨인 루니(Wayne Rooney) 등이 또한 그러하다.

베컴이 즐기는 장어젤리는
우리의 홍어처럼
그로테스크한 음식이다.

　넘치는 체력으로 축구장을 종횡무진 내달리며 때때로 놀라운
발재간이나 공중묘기마저 선보이니 사람들은 벌린 입을 잘 다물지
못한다. 게다가 수비수를 여럿 따돌리고 절묘하게 슈팅한 공이 멋
지게 골대 그물망을 가르면 관중들의 함성은 경기장을 뒤흔들고
하늘을 찌르게 된다.

　미국 로스앤젤레스 갤럭시(Los Angeles Galaxy) 소속 데이비드 베컴
(David Beckham)도 유명세에서 둘째가라 하면 서러워 할 축구선수
다. 영국인인 그는 전차 같은 힘을 자랑할 뿐 아니라 깎아 다듬은
대리석 조각상 같은 외모로 전 세계 여성의 시선을 휘어잡는다.

　그는 한때 자신의 소속팀 맨체스터 유나이티드(Manchester United)
를 유럽 챔피언스 리그와 프리미어 리그, FA컵(Football Association
Cup) 우승 등 3관왕에 올려놓아 잉글랜드의 축구 영웅으로 떠오

장어젤리는 영국의 전통음식이다. 베컴은 어릴 때부터 익숙하게
먹은 데다 스태미나에 도움돼 요즘도 틈틈이 먹는다.

르기도 했다. 금세기 세계 최고의 스포츠 스타로, 영국에서 돈을 가장 많이 번 운동선수로도 이름을 올렸다.

그런 그가 뱀장어 음식을 즐긴다는 사실은 그다지 많이 알려지지 않았다. 그는 장어를 젤리 형태로 즐긴다고 한다. 이름 하여 '장어젤리'다.

이 음식은 영국인들이 별식으로 즐기는 전통식품이다. 미끌미끌한 뱀장어를 토막 내어 젤라틴과 함께 익힌 것이다. 몬도가네 음식과 유사하고 냄새도 다소 역겨워 첫인상부터 거부감을 준다. 그러나 영국인들은 이를 맛있게 먹는다.

뱀장어는 18세기부터 런던 서민들에게 값싸고 영양 많고 언제든 요리에 이용할 수 있는 양질의 식품으로 각광받았다. 그래서 런던 시내를 관통하며 흐르는 템즈강은 한때 상류에 이르기까지 뱀장어 그물이 수도 없이 쳐져 있었다. 베컴도 런던 출신이다 보니 어릴 때부터 익숙하게 먹은 데다 스태미나 식으로도 제격이어서 틈틈이 먹게 된다고 한다.

언젠가 베컴의 이 애호식품이 KBS 2TV의 오락프로 '스펀지 제로'에서 공개된 적이 있다. 이날 방송에서 방송인 허준이 장어젤리 먹기에 도전했다. 그는 눈 딱 감고 음식을 입에 넣었다. 하지만 끝내 비린내를 참지 못하고 웩웩거리며 줄행랑을 쳤다. 이날 그는 눈물마저 흘리며 "이건 인생 마지막 순간에나 먹어야 할 것 같은 음식"이라고 말했다.

이쯤 되면 이 음식이 얼마나 고약한 맛인지 알만 할 것이다. 그렇지만 이처럼 그로테스크한 음식이 지구상에 또 없겠는가. 당장 우리나라의 홍어만 해도 그에 뒤지지 않는다. 푹 삭혀 암모니아 냄새 풀풀 날리는 이 음식을 내밀면 서양 사람들은 충격을 받을 것이다. 이처럼 남에게는 받아들여지지 않지만 나에게는 약이 되고

뱀장어는 18세기부터 런던 서민들에게 값싸고 영양 많고 언제든 요리에 이용할 수 있는 양질의 식품으로 각광받았다.

힘이 되는 음식들이 있다. 홍어가 한국인에게 보약에 버금가는 향
토음식이듯이 장어젤리는 영국인에게 훌륭한 전통음식이다.

아무튼 베컴은 요즘도 종종 미국 땅에서 이 고향 음식을 빵에
곁들여 먹는다고 한다. 박지성이 영국에서 한식을 즐기고, 박세리
가 미국 땅에서 김치를 가까이하는 것도 이와 다를 바 없다. 전통
식이 입에 당겨 힘을 길러주는 것은 동서양이 마찬가지라는 생각
이 든다.

장어젤리가 익숙지 않다면 그냥 장어구이로 즐겨도 보양식으로
부족하지 않다. 소금을 뿌리거나 고추장 양념 바른 장어를 석쇠
에 구워 먹는 것은 우리에게도 오랜 전통이다. 거기에다 복분자주
라도 한 잔 곁들이면 '오강이 엎어질 정도'의 정력이 뻗쳐오를 것은
당연할 터.

뱀장어처럼 각종 영양소를 두루 갖춘 민물고기 식품도 보기 드
물다. 최상의 단백질 공급원임은 물론 각종 무기물과 비타민, 아
미노산 등을 골고루 함유했다. 그러니까 예부터 자양강장 식품으
로 대접받을 수밖에 없었을 것이다.

과거 냇가에서 물고기를 잡다가 운이 좋아 작은 뱀장어라도 한
마리 걸려들면 그날 물고기 요리는 맛이 몇 배 출중해졌다. 장어덮
밥은 결코 잊을 수 없는 고향의 최고 음식이다.

그러나 요즘은 안타깝게도 그런 자연산 뱀장어를 대하기 어렵
다. 내수면 시설에서 양식한 뱀장어는 질병 감염을 막기 위해 항
생제를 마구 뿌려대는 것이 문제다. 그러므로 가족을 위해 뱀장어
요리를 준비하는 주부라면 장을 볼 때 안전성을 보장하는 마크를
확인하는 것이 좋다.

우리는 지난 2002년 한·일 월드컵을 앞두고 잉글랜드가 그리스
와 마지막 예선전을 벌일 때 베컴이 그림 같은 슛을 성공시킨 장면

을 잊지 못한다. 다소 먼 거리였지만 그는 천금 같이 다가온 프리
킥 찬스를 놓치지 않았다. 아름다운 곡선을 그리며 날아간 공은
수비벽을 넘어 골키퍼의 손이 미치지 못하는 골대　구석에 정확히
꽂혔다. 그리고 바로 들려온 경기 종료 휘슬. 베컴의 그 '한 방'으
로 인해 영국은 온통 흥분의 도가니가 됐다.

　그날 그가 걷어 올린 축구공이 허공을 휘우듬하게 가를 때의 광
경이 마치 미끌미끌한 장어가 허공에 기다랗게 나는 장면과 유사
했다고 말한다면 지나친 상상일까.

살림의 여왕

20세기 들어와 미국인들은 '살림의 여왕'을 한 사람 맞이하게 된다. 그녀에게는 영국 엘리자베스 여왕이 쓰고 다니는 것과 같은 왕관이 없다. 다만 미국인들이 그녀를 너무 사랑한 나머지 마음으로 씌워준 '눈에 보이지 않는 월계관'이 있을 뿐이다.

그렇지만 그녀의 영향력은 엘리자베스 여왕 못잖다. 미국 주부들이 모두 그녀의 탁월한 살림솜씨에 반해버렸다. 미국 여성들 사이에 힐러리 클린턴(Hillary Clinton) 국무장관만큼이나 유명하고, 토크쇼의 달인 오프라 윈프리(Oprah Winfrey)처럼 친숙하게 느껴진다. 나아가 그녀는 유럽 등 전 세계 센스 있는 여성들로부터 부러움을 한 몸에 받은 지 오래다.

마사 스튜어트(Martha Stewart). 그녀는 '마사 스튜어트 리빙 옴니미디어(MSLO)'의 창업자이자 현재 회장이다. 가사 정보 제공 및 이

그녀의 영향력은 영국
엘리자베스 여왕 못잖다.
미국 주부들이 모두
그녀의 탁월한 살림솜씨에 반했다.

와 관련된 물품 판매를 위한 출판, 방송, 출장연회 사업, 인터넷
마케팅 등으로 억만장자가 된 이 시대 여걸이다.

그러나 얼핏 보기에 그녀는 일반적인 대기업 회장 이미지와 사
뭇 다르다. 매력적인 블론드 머릿결에 곱고 하얀 피부, 이지적인
눈동자, 상냥하게 드리운 미소…. 행복한 서양 가정주부 이미지
요, 현모양처 모습이다. 사람들은 언제 바라봐도 복스럽고 깔끔하
고 아름다운 그녀의 인상에서 한없는 사랑스러움과 행복감을 길
어 올린다.

마사 스튜어트는 일찍이 미국 뉴저지 주로 이민 온 폴란드 계 평
범한 가정에서 태어났다. 아버지는 정원 가꾸는 기술이 뛰어났고,
어머니와 할머니는 요리와 바느질 솜씨가 남달랐다고 한다. 이러한
집안 어른들의 살림살이 재능이 그녀에게 고스란히 대물림됐다.

마사 스튜어트는 세 살 무렵부터 부삽을 들고 아버지를 따라다니며 정원 일을 배웠다. 집 뒤 베지터블 가든에서 토마토와 싱싱한 잎채소, 꽃 가꾸기를 좋아했다. 소녀로 성장했을 때는 어느덧 그린섬(Green Thumb·최고의 정원사)이던 아버지 밑에서 각종 채소, 과일을 능숙하게 재배하고 꽃과 관상식물을 가꾸는 훌륭한 도제가 돼 있었다.

그녀는 사업에 본격적으로 뛰어들기 전부터 자신에게 한 가지 남다른 자질이 있음을 알았다. 음식 만들기를 무척 좋아하는 기질이었다. 그녀는 정원에서 알뜰히 키운 오이, 가지, 토마토, 호박 등과 싱그러운 잎채소들, 그리고 미각에 악센트를 주는 허브를 수확해 살뜰히 맛난 요리로 만들었다. 부엌에서 음식 만드는 일은 정말 즐거웠다. 그것은 처음부터 흥미를 불러 일으켰으므로 열렬히 사랑하듯 음식 세계에 빠져들었다.

그러다가 뉴욕의 명문대학인 버너드 칼리지에 입학해 미술과 건축사 등을 전공하면서 잠시 요리 세계와 멀어졌다. 그 시절 마사 스튜어트는 명석함과 미모를 무기로 여러 가지 광고에 모델로 등장했다. 대학 졸업 후엔 뉴욕에서 증권 중개인으로 일하며 큰 수익을 올리기도 했고, 부동산 중개인으로 활동하기도 했다. 그러나 그런 일들이 적성에 맞지 않음을 깨닫고 오래지 않아 요리 세계로 되돌아왔다.

1970년대 초 코네티컷 주의 시골집으로 이사해 생활하던 그녀는 집에서 손수 구운 파이를 동네 사람들에게 팔기 시작했다. 동네 고급 양품점 안에 작은 음식 코너를 만들어 직접 만든 요리를 판매하기도 했다. 주부 고객들은 그녀가 재주껏 만든 치즈·베이컨 파이와 생일 케이크, 주말 저녁식사용 음식 등을 사기 위해 몰려들었다.

이에 힘입어 그녀는 출장연회 사업을 시작했다. 자기 집 주방을

마사 스튜어트는 어릴 때부터 정원 일을 배웠다. 텃밭에서 토마토와 싱싱한 잎채소, 꽃 가꾸기를 좋아했다.

거점으로 한 '수제 요리(Uncatered Affair)' 판매 회사를 차린 것이다. 사업장은 보잘 것 없었지만 사업 규모는 만만찮았다. 처음부터 수백 명의 하객이 초대된 결혼식 음식을 주문받았으니 말이다.

첫 파티는 환상적이었고 하객들을 매혹시켰다. 자연에서 얻은 신선한 재료에 그녀의 미학적인 테이블 세팅 감각이 더해졌으니 결과가 성공적일 수밖에 없었다. 그후 식탁 위의 자연주의와 아름다움은 그녀의 음식사업의 변함없는 주제가 됐다.

그녀는 지금도 '아름답게 만들라'는 자신의 슬로건을 하루에도 몇 번씩 입에 올린다. 더불어 고객이 요리를 맛있게 먹어 건강을 업그레이드하고 행복을 재충전하도록 하는 자신의 작업에서 시대적 사명감을 느낀다.

그녀는 번뜩이는 독창성과 예술적 감각을 바탕으로 각종 행사의 케이터링 사업을 주도했다. 마사 스튜어트가 주관하는 파티는 항상 색다른 모습이었고 특별한 맛을 선사했다. 고객들이 그녀의 뛰어난 음식 솜씨와 환상적인 테이블 세팅에 열광해 사업이 비약적인 신장세를 보였다. 이를 계기로 그녀는 단순한 케이터링 사업자에서 '파티 플래너'로 성장했으며 유명인사가 됐다.

그 무렵 그녀는 여성들이 예쁘고 현명한 가정 살림법에 대해 갈망한다는 사실을 통찰했다. 음식, 식사, 파티는 끝없이 흥미로운 주제이며 정원 가꾸기, 인테리어, 가족 등과 관련된 사업이 갈수록 성장세를 탈 것을 예상했다. 그녀가 1990년 타임워너의 출판사업 부문과 제휴해 살림잡지 〈마사 스튜어트 리빙〉을 창간한 것도 그런 사회적 추세를 반영한 결과다.

〈마사 스튜어트 리빙〉은 살림을 효과적으로 꾸리고 멋진 창의력을 발휘해 손님을 접대하기를 바라는 주부들의 욕구에 부응했다. 살림살이에 관한 편집 내용은 음식과 식사를 중심으로 하고

그녀는 번뜩이는 독창성을 바탕으로 각종 출장연회 사업을 주도했다.

공예, 수집, 정원 손질, 채소 재배, 정돈, 육아 등을 두루 포함했다. 마침내 허드렛일로 간주되던 가정살림을 예술의 경지로 끌어올린 매체로 평가되면서 발행 부수가 초기 25만부에서 200만부로 훌쩍 올라섰다. 이 생활 전문지는 현재 미국 내뿐 아니라 전 세계적인 독자 망을 갖추고 있다. 살림에 관한 한 지구촌에서 내로라하는 여성지로 자타가 인정한다.

〈마사 스튜어트 리빙〉의 성공에 힘입어 그녀는 〈에브리데이 푸드〉〈마사 스튜어트 웨딩스〉〈호울 리빙〉 등의 생활 전문지를 잇달아 펴냈고 TV와 라디오 방송 사업에도 손을 뻗쳤다. 그녀의 환상적인 손재주와 말솜씨, 글재주, 출중한 미모가 이러한 매스 미디어 사업을 번창시켰고 그녀가 등장하는 프로그램과 그녀의 살림살

이 책, 비디오 등은 항상 인기몰이를 했다.

　그녀는 〈마사 스튜어트 리빙〉을 창간한 지 5년째 되던 1995년 또 하나의 중대한 결심을 했다. 그녀는 자신의 매체가 기사로 다룬 음식과 각종 공예품, 실내외 인테리어 등과 관련해 고객들이 갖가지 재료와 도구들을 다루기 어려워 한다는 사실을 알았다. 그래서 이를 브랜드 확장의 기회로 여기고 다양한 가정 살림법을 현실에 구현한 제품들을 선보이기 시작했다.

　그때 탄생한 것이 웨딩케이크 장식 세트, 크리스마스카드, 인터넷 생화 판매, 꽃 장식품 배달 사업 등이다. 이 외에도 다양한 사업 아이템이 개발돼 각종 잡지, 방송 등과 더불어 '마사 제국'의 돌

그녀는 살림을 예술로
승화시킨, 가정
살림법의 일인자다.
그래서 그녀를
따라다니는 수식어가
'살림의 여왕'이다.

똘한 상품들로 판매되고 있다. 모두 그녀에게 천문학적 부와 명예
를 안겨준 제품이요, 매체들이다.

그녀는 이렇게 스스로 성공 가도를 달렸을 뿐 아니라 자신의
사업을 통해 미국인의 삶의 질을 향상시켰다. 이제 마사 스튜어트
는 살림을 예술로 승화시킨, 가정 살림법의 일인자임을 누구도 부
인하지 못한다. 그래서 그녀를 따라 다니는 수식어가 '살림의 여
왕'이다.

자신의 요리 취미를 잘 살려 자신과 미국 가정의 살림살이를 개
선하고 나아가 명예와 부마저 일군 마사 스튜어트의 사례는 오늘
을 지루하게 살아가는 주부들에게 신선한 자극이 될 듯하다.

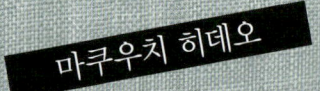

보약 부럽지 않은
'초라한 밥상'

마쿠우치 히데오(幕內秀夫)는 '풍부한 밥상'이 건강을 망친다고 생각하는 사람이다. 밥과 된장국 위주의 '초라한 밥상'이 건강과 장수를 보장한다는 것이다. 그래서 스스로 초라한 밥상을 대하며 이를 주위에도 권한다. 그는 일본에서 초라한 밥상 열풍을 불러일으킨 장본인이다.

그가 초라한 밥상주의자가 되기까지는 하나의 계기가 있었다. 장수국인 일본에서도 알아주는 한 장수촌을 방문하면서부터였다. 그는 도쿄와 가나가와 현에 인접한 장수촌 유즈리하라 마을에서 고령자들이 원기왕성하게 일하고 있는 반면 40~50대 중장년층이 각종 성인병으로 고생하고 있는 현실에 충격을 받았다.

그는 그곳 장수자들의 식생활을 조사했다. 그 결과 장수자들은 보리와 좁쌀, 수수 등의 잡곡과 감자, 고구마 등을 주식으로 하고

마쿠우치 히데오는 '조리한 밥상'이 건강과 장수를 보장한다고 말한다.

제철 채소와 갖가지 산나물을 부식으로 하고 있음을 알 수 있었다. 고기나 우유, 유제품 등은 거의 먹지 않았다. 그런데도 아무리 아기를 많이 낳은 여성도 모유가 나오지 않아 고생한 사람이 한 명도 없었다.

반면 성인병을 앓고 있는 중장년층은 일찍부터 서구화된 '포식의 식사'를 해 왔음을 확인할 수 있었다. 그들은 2차 세계대전 이전과 비교해 육류는 10배, 달걀은 6.4배, 우유와 유제품은 19배나 더 먹었다. 게다가 하얗게 도정해 만든 쌀밥에 설탕절임 식품, 소시지 등 각종 가공식품을 날마다 배불리 먹는 식습관을 지속했다.

서구의 영양학이 적극 권장하는 식사를 실천해 온 중장년층이 성인병으로 시름거리거나 죽고 반대로 평생 제철에 거둔 거친 음식으로 소박한 식생활을 실천해온 고령층이 건강한 것은 무엇을 의미하는가.

　마쿠우치 히데오는 결론적으로 일본의 조상들이 해온 식습관을 되찾는 것이 중요하다는 깨달음을 얻었다. 자신이 공부해온 서구 영양학에 맹점이 있음이 알게 된 것이다.

　서구 영양학은 서구인에게 맞는 것이다. 우리와 전혀 다른 풍토에서 생겨난 독일 영양학이다. 쌀이 자랄 수 없는 기후와 풍토로 인해 밀을 생산해온 나라의 식사를, 쌀농사에 적합한 토양에서 살아온 일본인들이 억지로 흉내내온 것이다.

　우리는 된장국을 먹지 않는 서구인에게 영양의 균형이 나쁘다고 말하지 않지만, 치즈를 싫어하는 우리 아이들에게는 영양이 불균형하니까 꼭 먹어야 한다고 말한다. 이는 대단히 모순된 말이다. 수천 년에 걸쳐 형성된 일본 전통식을 함부로 평가절하해선 안된다.

　마쿠우치 히데오는 일본 조상들이 실천해온 전통적 식사야말로 '초라한 밥'이라고 정의한다. 그렇다고 해서 그것이 가난한 식사는

아니란다. 거칠고 소박해보이지만 기름지고 화려한 서구 식사보다
내실이 있다. 무엇보다 일본인들에게 잘 맞는다.

　일본은 사계절의 변화가 뚜렷해 일본 열도에서 수확되는 채소,
과일, 곡식들은 그 종류가 계절별로 다양하고 풍부하다. 이러한
사계절의 축복을 있는 그대로 받아들이는 것이 초라한 밥상의 출
발이다. 즉, 봄에는 미나리, 광대나물, 쑥, 냉이, 별꽃, 순무 등
녹색이 짙은 것이나 쓴 맛이 강한 산나물이 많은데 이들을 자연스
럽게 식탁에 올린다. 이들은 우리 몸에게 마치 "일어나, 봄이야!"
라고 가르쳐주는 듯하다.

　여름은 덥고 땀을 많이 흘리는 계절이므로 하늘이 땀을 보충하
고 더위에 견디라고 오이, 수박, 토마토 등을 선사한다. 가을에는
전분이 많이 포함된 쌀, 밀, 고구마, 밤 등이 등장한다. 곧 다가올
겨울 추위에 대비해 에너지를 축적해두라는 의미다. 겨울에는 연
근, 우엉, 무, 토란 등의 뿌리채소가 많이 다가온다. 이들은 조려
먹기에 안성맞춤이어서 추운 겨울에 제격이다.

　이처럼 자연은 그 땅의 인간에게 몸을 적절히 꾸려갈 수 있도록
다양한 식품을 내어민다. 이러한 자연의 법칙을 무시한 채 한겨울
에 기름을 잔뜩 때 토마토, 오이, 수박 등을 길러내는 것은 초라한
밥상의 기본에 위배된다. 겨울에 이들을 먹으면 그 사람의 위 속
은 여름이 돼 부작용이 발생할 수 있다.

　초라한 식사로 제격인 것이 발효식품이다. 일본 열도의 기온과
습기는 미생물 발육에 적합해 일본인들은 오래 전부터 많은 발효
식품을 애용해왔다. 곰팡이, 효모, 세균 등으로 발효시켜 만든 정
종, 된장, 감주, 간장 등이 일본인의 식생활에 깊이 자리 잡았다.

　각종 절임 식품도 초라한 밥상에 어울리는 메뉴다. 된장절임,
식초절임, 쌀겨절임 등 종류도 다양한데 이들이 계절마다, 그리고

'초라한 밥'이 가난한
식사는 아니란다.
거칠고 소박해
보이지만 기름지고
화려한 서구 식사보다
내실 있다.

초라한 밥상은 겉으로 소박해 보여도 영양과 지혜가 풍부한 식탁이다. 결코 비과학적인 복고 취미의 밥상이 아니다.

지역마다 무수히 산출되는 채소, 산야초 등과 만나면 그 지역 사람들에게 귀중한 먹을거리가 된다.

그중에서도 채소 쌀겨절임은 특별하다. 쌀겨에는 비타민, 미네랄 등의 영양소가 풍부하다. 이들이 채소 속에 들어가 우수한 식품을 탄생시킨다. 더 중요한 사실은 겨우 2g 정도의 쌀겨에 2억 마리 이상의 유산균이 살고 있다는 점이다. 그러니 이를 먹으면 몸에 좋을 수밖에 없다.

마쿠우치 히데오는 "초라한 밥상의 바탕은 밥과 된장국"이라고 강조한다. 사람들이 된장국을 기본으로 한 식사를 잘 유지해도 병원들이 상당수 망할 수 있다는 것이 그의 생각이다.

콩은 소화가 잘 되지 않는 문제가 있다. 그래서 짜낸 지혜가 콩을 발효시켜 된장, 청국장 등으로 만드는 것이었다. 된장의 소화 흡수율은 80%로 좋다. 된장에 각종 채소나 해산물을 넣어 끓여낸 된장국은 양질의 영양 공급원으로 인체의 저항력을 높여준다.

밥으로는 현미밥을 지어 먹을 것을 권한다. 현미는 에너지가 충일하고 그 에너지를 연소시키는 데 필요한 미량영양소도 풍부하다. 그리고 식물성섬유질까지 함유해 쌀을 주식으로 하는 아시아인들에게 매우 이상적인 식품이라는 것이다. 이와 달리 배아와 겉부분을 깎아낸 백미는 당질이 대부분이며, 미량영양소는 극소량만 남아 있다. 따라서 현미밥이 입에는 거칠어도 몸에는 좋은 건강식이라는 것이다.

요즘 사람들은 상당수가 식품의 '부분'만 보는 어리석음에 빠져 있다. 칼슘이 풍부하다고 해서 우유나 멸치를 지나치게 먹는 사람이 있는가 하면, 비타민 C가 많다고 과일만 먹어대는 이들도 있다. 달걀은 몸에 좋은 단백질이 있어 적극적으로 먹는 이가 있는가 하면, 반대로 콜레스테롤이 있어 기피하는 사람도 있다. 이런 편

견이 건강을 망친다고 한다.

　대부분의 식품에는 인간이 과학으로 채 규명하지 못한, 매우 다양한 영양소가 함유돼 있다는 게 그의 생각이다. 전체를 보지 못하는 잘못이, 풍성해 보이긴 해도 무서운 영양실조를 초래하는 현대인의 식탁을 만들고 있다는 것이다.

　초라한 밥상은 겉으론 소박해 보여도 영양과 지혜가 풍부한 식탁이다. 결코 비과학적인 복고취미의 밥상이 아니다. 그 지역의 풍토와 계절의 맛과 조상의 지혜가 녹아 든 건강밥상이다.

　마쿠우치 히데오는 오늘도 이런 확고한 신념으로 가족의 밥상을 챙기고, 병원 입원 환자들의 식생활을 지도한다. 그는 현재 일본의 여러 유명한 병원에서 암, 당뇨, 비만, 아토피성피부염, 변비 등의 환자에게 초라한 밥상을 토대로 한 식이요법 지도를 하고 있다.

일본 조상들이 실천해온 전통적 식사야말로 '초라한 밥'이라고 정의한다.

유기농 채소로 차리는 백악관 식탁

미국 어느 도시를 가든 비만증 환자 없는 곳이 없다. 허리에 자동차타이어를 두른 듯한 백인들이 거리에 가득하다. 금발에 오뚝한 콧날, 벽안의 얼굴이면 뭘 하나. 몸매가 드럼통처럼 뭉툭하고 허벅지가 사람 허리 두께인 여성 앞에서는 고개가 저절로 내둘러진다.

흑인들의 비만은 더 심각하다. 싸구려 음식인 패스트푸드와 정크푸드를 많이 먹기 때문이다. 흑인들은 소득이 적어 식생활을 햄버거나 설탕절임 등 '고열량 저영양' 음식에 의존하는 경향이다. 이처럼 늘 열량 높은 먹을거리를 대하니 날이 갈수록 비곗살만 불어날 수밖에 없다.

더 큰 문제는 이같은 비만이 여러 가지 심각한 합병증을 부른다는 사실이다. 점점 증가하는 심장질환, 제2형 당뇨, 수면 중 호흡장애, 특정한 암, 골관절염 등이 비만과 밀접한 관계를 지니고 있

미셸 오바마가 팔을 걷어붙였다. 비대해진 미국의 살을 빼기 위해
비만 퇴치 캠페인 '레츠 무브'의 전면에 나선 것이다.

다. 비만은 이제 미국인에게 '건강의 시한폭탄'이 되고 있는 것이다.

견디다 못해 미셸 오바마가 팔을 걷어붙였다. 비대해진 미국의
살을 빼기 위해 비만 퇴치 캠페인 '레츠 무브(Let's Move)'의 전면에
나선 것이다. 2010년 일이다. 이는 1960년대 정부 주도로 전개한
금연운동과 유사하게 건강에 유익한 식습관과 운동을 장려하는
캠페인이다.

그의 열정에 행정부와 입법부는 물론 업계의 호응도 뜨거웠다.
우선 남편인 버락 오바마 미국 대통령은 아동비만 퇴치 방안 마련

미셸 오바마는 백악관
남쪽 정원에 300평
규모의 유기농
채소밭을 일구고 있다.
여기서 55가지 채소를
키워 식탁에 올린다.

을 위한 행정명령에 서명했으며, 미 상원은 학교 내에서의 정크푸드 판매를 전면 금지하는 법안을 마련했다. 미국 최대 식품회사인 크래프트 사와 코카콜라 회사 등은 미국인의 비만 퇴치에 일익을 담당하기 위해 기존 사업 전략을 수정하는 등의 조치를 단행했다.

미셸 오바마는 레츠 무브 캠페인의 일환으로 백악관 남쪽 정원에 300평 규모의 유기농 채소밭을 일구고 있다. 이 밭에서 백악관 주방장의 요구대로 55가지의 각종 채소를 키운다. 채소 가꾸기에는 백악관에 이웃한 초등학교 학생들이 나서고 있으며, 미셸의 두 딸도 참여하고 있다. 여기서 거둔 유기농 채소를 백악관 행사에 사용하고 있고, 오바마 가족의 식탁에도 올린다. 남는 채소는 이웃에 나눠주기도 한다.

텃밭에서 유기농 채소를 기르는 것이 무슨 대단한 일이냐며 가볍게 여길 수도 있다. 그러나 그것은 결코 작은 일이 아니다. 현대판 '승리의 정원(victory garden)'을 가꾸는 것이다.

제2차 세계대전 당시 북미 대륙과 유럽에서는 사람들이 부식을 조달하기 위해 직접 텃밭을 가꿨다. 이를 통해 전쟁 중 굶주림을 면하고 생명을 유지할 수 있었다고 하여 그 텃밭을 빅토리 가든이라 이름 붙였다. 미셸은 또 다른 승리의 텃밭을 가꿈으로써 비만과의 전쟁에서 승기를 잡으려 하고 있는 것이다.

사실 비만과 그로 인한 심장질환, 암, 관절염, 당뇨 등을 예방 또는 치료하는 지름길은 신선한 채소, 과일 위주의 식사를 생활화하는 것이다. 더욱이 유기농법으로 재배한 채소라면 훨씬 도움 될 것이 자명하다.

이제 백악관 텃밭의 채소 덕분에 미국을 찾은 국빈들은 백악관에서 유기농으로 장만한 녹색 채소의 향연을 즐긴다. 오바마 가족은 물기 흐르는 싱싱한 채소로 만든 신선한 반찬의 식탁을 늘 대한

다. 승리의 정원이 선사하는 생명의 먹을거리다.

오바마 대통령은 특히 저녁식사만큼은 가족 모두가 둘러앉아 오순도순 얘기하며 즐기는 것을 좋아한다. 그의 저녁식사 시간은 특별한 사안이 아니고는 침범할 수 없다. 가족과 함께 밥 먹으려고 집무실을 떠났다가 돌아와 새벽까지 산적한 업무를 처리하는 날도 종종 있다고 한다.

오바마 가족의 밥상은 가족 간의 정이 감돌고 싱싱한 유기농 채소, 과일 위주로 차려진다는 점에서 '살림의 밥상'이라 할 수 있다. 이와 달리 정크푸드와 패스트푸드, 각종 가공식품으로 넘쳐나는 현대인의 밥상은 '죽임의 밥상'이다.

오바마의 유기농 식탁 운동이 미국 전역에 확산돼 미국인의 허리를 날씬하게 해줄 날을 고대해본다. 그 날은 그의 백악관 식탁이 성인병과의 전쟁에서 승리를 선언하는 날이 될 것이다.

유기농 식품의 영양학적 우수성

국제유기농연맹(IFOAM)이 2008년 발표한 한 연구총람(New Evidence Confirms the Nutritional Superiority of Plant-Based Organic Foods)이 눈길을 끈다. 이는 유기농 식품과 일반 식품을 비교 연구한 전 세계 236가지 실험연구 논문을 총망라한 것이다. 따라서 상당한 객관성과 합리성을 확보했다는 평가다.

이에 따르면 전체의 61%는 유기농 식품이, 그리고 37%는 일반 식품이 영양학적으로 우수한 것으로 나타났다. 영양상의 우수성은 다음 사항들을 중심으로 파악했다.

● 4가지 항산화물질 측정(총 페놀, 총 항산화물질 능력, 케르세틴, 캠퍼롤)
● 3가지 주요 비타민(비타민 A, C 및 E) 전구물(precursors)
● 2가지 미네랄(칼륨과 인)
● 질산염(높은 농도는 영양학적으로 불리)
● 총 단백질

중요한 폴리페놀류와 항산화물질 함량은 전체의 4분의 3에서 유기농 식품이 우세했다. 다만, 미국인들이 일상적으로 충분히 섭취하는 칼륨, 인, 총 단백질 등의 함량은 일반 식품이 우세했다. 결론적으로 유기농 식품이 일반 식품에 비해 영양 성분이 평균 25% 정도 더 많은 것으로 밝혀졌다.

유기농 옹호론자들은 유기농 과일과 채소의 경우 인공 비료 대신 건강한 토양으로부터 영양분을 흡수해 일반 식품보다 영양분을 더 고농도로 응축하고 있다고 주장한다. 따라서 식품의 향미가 뛰어나고 맛이 좋아 소화도 잘 된다고 한다.

유기농 가축들은 번식과 병후 회복 능력이 뛰어나고 질병 감염 위험성이 낮다고 강조한다. 유기 축산물은 불포화지방 대비 포화지방 비율이 낮아 건강에 유익하다고 한다.

농약은 호르몬과 면역체계에 부정적 영향을 끼치며, 가축용 항생제는 인간에게 항생제 내성을 길러주는 역작용을 한다는 게 그들 주장이다.

이에 대해 관행농업 옹호론자들은 유기농 식품이 너무 비싸며, 소비자 기만도 근절되지 않는다고 공격한다. 하지만 IFOAM의 연구총람 결론만큼은 부정하기 쉽지 않다. 전 세계 유기농 관련 논문을 총 정리했으니 그 보다 합리적인 결론도 도출하기 어려운 탓이다.

엄격한 채식주의자

빌 클린턴(Bill Clinton) 전 미국 대통령은 대통령에 당선돼 처음 백악관 생활을 시작했을 때 그곳 직원들을 놀라게 했다. 밤낮없이 정열적으로 일하는 모습이 감탄스러웠던 것이다.

하기야 40대에 대통령이 됐으니 아버지 부시나 로널드 레이건(Ronald Reagan) 같은 늙은 대통령만 모시던 직원들에겐 그가 너무 활동적으로 비쳤을 것이다. 당시 클린턴은 워낙 건강하고 정력이 넘쳤다. 지칠 줄 모르는 그의 활동력은 그러한 건강이 밑바탕이 됐음은 물론이다.

백악관 식구들은 힘이 남아 밤늦도록 백악관 정원에서 서성이는 그를 귀신으로 착각하기도 했다. 감당하지 못할 정력은 어비서 모니카 르윈스키(Monica Lewinsky)와의 섹스 스캔들을 초래해 마침내 대통령 자리를 위협받는 지경에까지 이르기도 했다. 이런저런 우여곡절이 많았지만, 그는 연임에 성공해 8년간 대통령 권한을 행사하면서 국제 사회에 커다란 치적을 남겼다.

그러다가 퇴임 후 그의 인생에 결정적인 문제가 발생했다. 건강에 적신호가 켜진 것이다. 그는 58세인 2004년 협심증으로 수술대에 올랐으며, 2010년에 두 번째 심장수술을 받았다. 클린턴은 CNN 방송에 출연해 "2004년 첫 수술을 받을 당시 심혈관계질환으로 사망하지 않은 것이 행운이었다"고 말했다. 두 번째 수술을 받고 난 뒤에는 "내가 러시안 룰렛 게임을 하고 있는 것 같은 생각이 들었다"고 했다. 자기 목숨을 도박에 맡기고 있는 것처럼 심각한 위기감을 느꼈다는 뜻이다. 그 뒤 클린턴은 채식주의자가 됐고, 체중도 대폭 줄였다는 후문이다.

지금은 건강을 되찾기 위해 철저히 자기관리를 하고 있지만 예전의 활기찬 모습은 돌아오지 않는다. 얼굴에서부터 왠지 병색이 오락가락하는 것을 느낄 수 있다. 나이 들어가는 것도 육체 약화의 원인이지만, 클린턴의 경우 병력이 더 큰 원인이다. 건강하던 신체도 결정적 질병 하나로 망쳐지는 것을 클린턴 외에 많은 이들의 사례에서 찾아볼 수 있다.

세계보건기구에 따르면 클린턴을 궁지에 몰아넣었던 심혈관계질환은 지구촌 사망 원인 1위를 기록하고 있다. 관상동맥심장질환(협심증, 심근경색), 뇌혈관질환(뇌경색, 뇌출혈), 고혈압, 말초혈관질환, 심장류머티즘, 선천성심장질환, 심부전 등이 이에 포함된다. 이들 질환은 심장이나 뇌로 가는 혈액의 흐름에 장애가 생길 때 나타난다. 주로 심장이나 뇌와 연결된 혈관의 내벽(inner walls)에 지방이 축적되는 게 원인이다. 이렇게 되면 혈관은 더 좁아지고 유연성이 떨어진다. 이것이 바로 동맥경화다. 동맥경화가 진행되면 혈관은 혈전에 의해 더 잘 막힌다. 이때 혈관은 심장이나 뇌에 더 이상 혈액을 공급하지 못해 사고가 터진다.

혈관 내 지방 축적의 주요인은 건강에 좋지 않은 식사, 흡연, 활동 부족 등이라는 게 의학계의 정설이다. 음식과 관련해서는 지방을 포함해 설탕, 소금 등이 많이 들어 있는 식품이 문제다. 지나치게 육류 및 가공식품 위주의 식생활을 하고 채소, 과일을 가까이하지 않으면 사고가 발생하기 쉽다. 심장질환으로 입원하기 전 클린턴의 식생활이 대체로 그러했다.

클린턴은 비프스테이크와 햄버거, 닭고기, 바비큐, 기름에 튀긴 음식 등을 평소에 즐겨 먹었다. 전형적인 아메리칸 푸드로, 장기간 지나치게 먹으면 심장질환을 일으키기 딱 좋은 음식들이다. 그는 식성이 뛰어났으니 이들 음식을 적량 이상 먹는 경우도 많았다고 한다.

지나치게 육류 및 가공식품 위주의 식생활을 하고 채소, 과일을 가까이하지 않으면 심장질환의 위험이 닥칠 수 있다.

빌 클린턴은 유제품과 달걀, 기름까지 먹지 않는 가장 엄격한 '비건'이 됐다.

한번은 대선 당시 클린턴이 종이 상자 가득 든 도넛 12개를 보좌진의 만류에도 불구하고 다 먹어치워 화제가 된 적도 있다. 최고 정치지도자의 식생활이 이러했으니 미국인들이 패스트푸드와 정크 푸드의 폐해로부터 벗어나기에도 한계가 있을 수밖에 없었을 것이다.

서구인들의 잘못된 식탁과 그로 인한 비만, 심혈관계질환 등은 건강의 시한폭탄이다. 클린턴 당시 부통령을 지내고 그후 노벨평화상까지 받은 앨 고어(Al Gore)도 요즘 과도한 체중으로 힘든 모습이다. 윌리엄 태프트(William Taft) 전 미국 대통령은 비만이 원인인 폐쇄성 수면 무호흡증에 시달렸고, 심지어 백악관 욕조에 몸이 끼어 빠져 나오지 못했다는 일화도 있다. '혼돈의 식탁'을 '질서의 식탁'으로 바꿔놓지 않는 한 이같은 해프닝과 비극은 되풀이될 수밖에 없다.

클린턴은 채식주의자 중에서도 유제품과 달걀, 기름까지 거의 섭취하지 않는 가장 엄격한 채식주의자인 '비건(vegan)'이 됐다고 한다. 이처럼 성직자에 가까운 비선이 돼서 살려고 몸부림치느니 차라리 병나기 전에 미리미리 식생활을 정상화할 일이다.

겉은 화려하지만 속은 문제투성이인 먹을거리들이 오늘도 현대인의 건강을 해치고 있다. 그래서 때론 우리의 밥상을 엎고 '질서의 밥상'을 다시 차릴 필요가 있다. 현대인들은 룰렛 게임하듯 살아온 클린턴에게서 무언가를 느끼고 깨달아야 한다.

혈압 낮춰주는 '대시(DASH) 식사법'

미국국립보건원은 고혈압 환자에게 '대시(DASH) 식사법'을 실천할 것을 권한다. 'DASH'는 Dietary Approaches to Stop Hypertension(고혈압 퇴치 식사법)의 약칭이다. 칼륨, 칼슘, 단백질, 섬유질 등 고혈압의 치료 및 예방에 필수적인 영양분을 섭취할 수 있는 식사법을 말한다. 미국 시사주간지 〈유에스 뉴스 & 월드 리포트〉가 2010, 2011년 연속 '건강에 도움 되는 최고 식사법'으로 뽑았다.

DASH 식사법은 고혈압을 낮추기 위해 과일, 채소, 견과류, 유제품 등으로 구성된 식사를 할 것을 요구한다. 과일, 채소는 주 4~5일, 유제품은 저지방 제품으로 2~3일 섭취하되 여기에 견과류를 곁들일 것을 주문한다. 단백질은 닭 같은 가금류와 생선으로 보충한다. 붉은 색 육류는 혈압을 상승시키므로 가능한 한 피한다. 또 지방, 설탕이 포함된 식품을 제한하고 소금 섭취를 줄이도록 한다. 이 방법은 고혈압 환자의 식습관을 개선하고 다이어트에 이로운 행동들을 습관화한다는 점에서 주목받고 있다.

고혈압 등 심혈관계질환의 극복을 위해서는 혈관을 튼튼히 하는 게 매우 중요하다. 이를 위해 포화지방과 콜레스테롤을 낮춘 식사법이 필요하다. 그런 점에서 DASH 식사법은 혈관의 유용성을 증가시켜 혈압 강하에 도움을 준다는 게 의학계의 평가다.

실제로 2008년 내과 관련 미국의학전문지 〈아취 인턴 메드〉는 미국 보스턴 시몬스대 연구팀이 약 9만 명의 여성을 대상으로 한 실험에서 DASH 식사법 실천 그룹의 관상동맥심장질환 발생 가능성이 24%, 뇌졸중 위험이 18% 낮아진 것을 구명한 연구 논문을 게재하기도 했다.

컬러 푸드 다이어트

세계적 팝 가수 크리스티나 아길레라(Christina Aguilera). 금발에 백옥 같은 몸매를 흔들며 무대 위에서 노래하는 그녀를 기억하는 팝송 애호가들이 많다. 마치 살아 움직이는 바비 인형 같다. 157㎝ 작은 체구에서 어떻게 그런 열정과 가창력이 나올 수 있는지 감탄스럽다.

그런 그녀에게는 또 다른 감동스런 면이 있다. 다이어트를 잘하는 것이다. 살찌고 빠지기를 고무줄 늘렸다 줄였다 하듯 반복하는 것이 이채롭다.

데뷔 초기인 2001년 날씬한 몸매를 자랑했던 그녀는 2003년부터 뚱뚱한 체구로 무대 위에 올라 팬들을 당황케 했다. 그랬다가 2005년 다시 날씬한 바비 인형으로 돌아왔으나 2008년 도로 비만 체형이 됐다.

　그후 2010년 다시 예쁜 체형으로 돌아갔으나 2011년 마이클 잭슨 추모 공연장에 나타난 모습은 또 영 아니었다. 2012년 들어서는 또 다시 금발의 미녀 모습으로 복귀했다. 도대체 몇 번째 다이어트 성공인지 헤아리기 어렵다.

　그녀의 다이어트 기법 중 하나는 컬러 푸드(color food) 다이어트다. 이는 채소, 과일을 컬러별로 골고루 먹어 살을 빼는 방식이다. 물론 음식을 여러 가지 색을 갖춰 먹는 것만으로 저절로 살이 빠지지는 않는다. 그러나 탄수화물과 지방 섭취량을 줄이고 특히 갖가지 채소를 골고루 적당량 먹어 포만감을 얻음으로써 다이어트에 성공할 수는 있다.

　이를테면 음식을 본격적으로 먹기 전에 양상추나 피망, 삶은 양배추, 브로콜리, 콜리플라워 등을 먼저 먹으면 포만감이 생겨 빵

기왕이면 다채로운 색깔의 채소, 과일을 골고루 먹는 게 건강에 유익하다.

이나 국수 등 탄수화물과 육류 식사량을 상당 부분 줄일 수 있다. 이는 체중 감량이 절실한 고혈압이나 당뇨환자들의 건강식으로 권장되는 식사법이기도 하다.

그런데 기왕이면 한두 가지 색깔의 채소, 과일만 먹기보다 다채로운 색깔을 골고루 먹는 게 건강상 유익하다. 왜냐하면 컬러별로 제각각의 기능성을 발휘해 전체적으로 건강 증진 효과가 탁월하기 때문이다. 따라서 포만감과 함께 살이 안 찌면서 건강을 잘 가져갈 수 있는 것이다. 이것이 바로 컬러 푸드 다이어트의 요체다.

아길레라는 폭식증이 있는 것으로 알려져 있다. 그러다보니 활동이 많을 때는 비교적 멋진 몸매로 무대 위에 서지만 활동이 적을 때는 폭식을 참을 수 없어 살이 찌곤 한단다.

게다가 스트레스가 심하면 이를 떨쳐내기 위해 걷잡을 수 없이 먹게 된다고 한다. 그녀가 심각한 비만이 된 때가 이혼의 충격에 시달릴 때나 음반 발매에 실패했을 때이고 보면 수긍이 가는 대목이다. 항상 삶은 감자와 프라이드치킨의 유혹을 떨치지 못하니 살

그녀가 시도한 다이어트는 여러 가지였지만 그중 가장 효과적인 것은
컬러 푸드 다이어트였다고 한다.

이 불어나는 것은 당연하다.

　그래서 그녀는 다이어트에 맹렬히 매달릴 수밖에 없었다. 그가 시도한 다이어트는 컬러 푸드 식사법 외에도 여러 가지다. 개인적으로 헬스 트레이너를 고용해 밤낮 없이 살 내리는 작업에 몰두했고, 심지어 최면술사를 동원하기도 했다고 한다. 그러나 그녀에게

가장 효과적이었던 것은 컬러 푸드 다이어트였다고 전해진다.

컬러 푸드 다이어트는 밥상 위에 무지개를 올리는 것과 같다. 무지개는 행복과 조화의 상징이다. 여러 가지 색깔이 하모니를 이뤄 건강과 행복이 증진된다면 마다할 이유가 없다. 겸사겸사해서 비만이란 부조화도 밀어내고 신체를 코스모스적인 조화 상태로 복귀시키는 것이다.

무지개 속의 붉은 색은 심혈관질환을 예방하고 활성산소 발생을 억제해 노화를 막아준다. 항암 효과도 탁월하다. 비트, 토마토, 딸기, 석류, 건고추 등이 관련 식품이다. 노란색은 카로티노이드 성분이 풍부해 역시 노화 진행을 늦추고 면역력을 높여준다. 당근, 감귤류, 호박, 카레 등이 해당된다. 녹색의 채소, 과일은 대체로 세포 재생 능력이 뛰어나고 고혈압, 동맥경화 등 성인병 예방에 도움을 준다. 특히 브로콜리는 최고의 항암식품이다.

검은콩, 흑임자 등 검은 식품은 신장 기능을 증진하고 활성산소를 제거해 노화를 예방해준다. 포도, 블루베리 등의 보라색 식품은 항산화작용이 뛰어나며 혈액순환 개선 효과도 있다. 양배추, 마늘, 양파 등으로 대표되는 흰색 식품은 몸의 활력 공급원이다.

한국보건산업진흥원과 숙명여대 연구팀의 2011년 〈한국인의 채소, 과일 섭취 실태〉 분석 자료에 따르면 한국인의 밥상에 가장 많이 오르는 채소, 과일은 흰색(32.9%)과 노란색, 주황색(29.25%)이라고 한다. 녹색과 빨간 색은 각각 10% 이하이다. 이를 볼 때 컬러 푸드 식사법이 시급한 것은 한국인이다.

피아노 건반을 두드려 아름다운 선율을 창조하듯이 여러 색깔의 채소, 과일을 골고루 먹어 신체의 조화를 이루고 살을 빼는 것이야말로 똑똑한 건강법이다. 크리스티나 아길레라가 이 다이어트법을 고수하는 한 그의 폭식증도 힘이 꺾일 수밖에 없을 것이다.

컬러 푸드는 밥상 위에 무지개를 올리는 것과 같다. 여러 색깔이 하모니를 이뤄 건강이 증진된다면 마다할 이유가 없다.

20세기 초 식생활로 돌아가라

조지 맥거번(George S. McGovern)은 한때 미국 대통령 후보로도 지명된 적 있는 전(前) 연방 상원의원이다. 빌 클린턴 대통령 당시에는 대사급인 로마 주재 미국 대표로 지명돼 유엔 식량농업기구(FAO)와 세계식량계획(WFP) 등의 미국 측 대표로도 활약했다.

그가 세계인의 관심을 끈 것은 이같은 정치적 이력 때문만은 아니다. 정작은 상원의원 시절 그가 작성한 〈맥거번 리포트〉 때문이다. 이 보고서는 미국 상원의 '영양 의료문제 특별위원회'가 1975~77년까지 3년에 걸쳐 조사한 결과를 토대로 작성한 것이며, 당시 그는 이 특별위원회의 위원장직을 맡고 있었다.

'영양 의료문제 특별위원회'가 결성된 것은 미국인들의 건강이 심각한 국면으로 치닫고 있다는 위기의식 때문이었다. 당시 위원회는 미국인의 약 절반인 1억 명 정도가 고혈압 등 심혈관계질환,

당뇨, 정신병, 암 등 문명병으로 고생하는 것으로 파악했다. 따라서 나라가 망하지 않도록 하기 위해서라도 문제점을 진단하고 대책을 강구해야 했다.

위원회는 세계 각국 국민의 식생활과 질병의 상관관계를 추적 조사해 나갔다. 그 과정에서 세계 유수의 연구기관들이 총동원됐다. 미국국립암연구소, 미국국립영양연구소, 영국왕립의학조사위원회, 북유럽 3국 연합 의학조사위원회 등이 주요 연구기관들이다. 또 세계 최고 권위의 의학자와 영양학자들이 수백 명 동원됐다.

당시 버나드 위스(Bernard Wiss) 로체스터대 의학부 환경센터 교수는 특별위원회에 출석해 "인간이 술에 취하면 행위가 달라지는 것처럼 식품에 첨가된 화학물질이 몸에 축적되면 정신과 행동이 이상해진다"고 증언했다.

'영양 의료문제 특별위원회'는 미국인 절반이 각종 문명병으로 고생하는 것으로 파악했다.

캐나다에서 출석한 브라운(Brown) 박사는 "화학첨가물이 들어간 가공식품은 집중력 결핍, 과잉행동, 반항심 유발, 등교 거부, 학업 불능 등으로 문제아를 만든다. 캐나다의 한 초등학교에서는 가공식품을 금지하고 엄마가 자연의 재료로 직접 만든 음식만 먹도록 지도했더니 모든 이상 증세가 사라졌다. 무엇보다 어린이가 떠들지 않고 침착해졌다"고 진술했다.

자연식으로 새로운 인생을 살게 된 한 인물도 출석해 증언했다. 바버라 리드(Barbara Reed) 오하이오 주 법원 수석보호감찰관이다. 그는 늘 감기와 우울증에 시달렸으며 마침내 정신이상 증세까지 겪었다. 그러다가 우연히 친지의 소개로 자연식을 하자 자신을 괴롭혔던 증세가 말끔히 사라졌다는 것이다.

그는 자기가 담당하는 죄수들의 식사도 자연식으로 바꿔보았다. 흰 설탕, 흰 밀가루 음식을 제외하고 그때그때 만든 음식을 넣어주었다. 그러자 놀라운 결과가 나타났다. 재범률이 줄었고 대부분 밝은 인생을 살게 된 것이다.

휴 트로웰(Hough Trowell) 박사의 증언은 더욱 관심을 모았다. 그는 영국왕립의학조사위원회 위원으로 당뇨병 치료의 세계적 권위자다. 그는 아프리카 우간다의 영국총독 고문의사로 30년간 근무했다. 거기서 그는 26년째 되던 해 흑인 고혈압 환자를 딱 한 명 만났다. 당시 우간다 인구 150만 명 중에 처음으로 고혈압 환자가 나타난 것이다.

트로웰 박사는 그 환자가 우간다 고등법원 판사로서 유럽인과 동일한 식생활을 해온 것을 알았다. 이에 흥미를 느낀 그는 우간다 흑인의 음식과 유럽인의 음식을 비교 연구했다. 그 결과 유럽인은 각종 육류와 커피, 설탕, 우유, 흰 밀가루 빵 등 섬유질 없는 음식을 먹고 우간다인들은 섬유질이 많은 옥수수 등의 곡물을 주식으로 하고 있다는 사실을 알아냈다.

엄마가 자연의 재료로 직접 만든 음식만 먹었더니 모든 이상 증세가 사라졌다.

　그는 동물 실험도 수행했다. 쥐와 야생동물을 대상으로 한 그룹은 유럽인의 음식을, 다른 그룹은 우간다인의 음식을 먹게 했다. 그 결과 유럽인의 식품만 먹은 그룹은 비만, 당뇨, 고혈압 등으로 비실거리게 됐지만 우간다인의 식품을 먹은 그룹은 멀쩡했다.

　이러한 과학적 연구 결과를 토대로 증언하며 섬유질 식품의 섭취가 얼마나 중요한지 역설하자 위원회에서는 장탄식이 쏟아져 나왔다고 한다.

　그때까지만 해도 미국인들은 자기들이 세계에서 가장 우수한 식생활을 하고 있는 것으로 알고 있었다. 그런데 위원회의 조사가 진행될수록 가장 문제 있는 식사를 하고 있음이 드러났다. 당시 위원회 위원이었던 에드워드 케네디(Edward Kennedy) 상원의원은 "우리는 정말 바보였다. 눈 뜬 장님이었다"고 비통한 마음을 드러냈다고 한다.

　위원회는 마침내 5,000쪽에 이르는 보고서를 만들었다. 이 보고서의 결론은 '현재 만연하고 있는 문명병을 극복하기 위해서는

〈맥거번 리포트〉는 현재 만연하고 있는 문명병에 대한 진단과 처방을 담고 있다.

20세기 초 조상들의 식생활로 돌아가야 한다'는 것이었다.

'영양 의료문제 특별위원회'는 건강한 생활을 위한 구체적인 식사 지침도 다음과 같이 발표했다.

1. 현재 총 칼로리의 40%를 차지하는 지방은 30%로 줄이되 동물성 10%, 식물성 20% 비율로 할 것.
2. 현재 총 칼로리의 24%인 당분은 15% 이하로 줄일 것.
3. 전분은 총 칼로리의 20%를 곡식, 채소 및 과일로부터 얻고 있는데 이를 55~65%로 늘릴 것.
4. 소금은 하루 3g만 섭취할 것.
5. 콜레스테롤 섭취량을 하루 300㎎으로 줄일 것.

위원회는 이같은 목표를 효과적으로 달성하기 위해 속껍질을 깎아내지 않은 통밀 등 통곡물을 먹고 콩 종류를 많이 섭취할 것을 권했다. 또 녹황색 채소와 뿌리채소류, 감자, 고구마 등을 상대적으로 많이 식탁에 올려야 한다고 강조했다.

맥거번 위원장은 보고서를 통해 이같은 결론을 도출해 미국의 건강 정책에 대단한 영향을 끼쳤다. 하지만 정작 그 자신은 기존 의학계와 영양학계의 집단 반발로 차기 상원의원 선거에서 패배하는 쓰라림을 겪어야 했다.

〈맥거번 리포트〉는 살아 있는 양심의 상징이다. 이 보고서가 자기 인생에 암초가 될 것을 예상했으면서도 내용을 수정하지 않고 자신의 신념을 관철시킨 맥거번 의원은 우리 시대 올바른 식사법의 대부라 할 수 있다.

그래서 지금도 인류의 건강한 식탁 구현을 위해 일하는 전 세계 수많은 사람들이 지금도 그의 노력과 신념을 칭송하고 있다.

채소·과일 하루 다섯 접시 먹기

조지 부시(George W. Bush) 전 미국 대통령은 자신을 흔히 '미트 가이 (meat guy)'라 부른다. 그의 정체성을 함축적으로 잘 나타내주는 호칭이다.

미트 가이답게 그는 각종 육류 요리를 즐겨 먹는다. 고향이 소를 많이 키우는 텍사스 주이고, 거기에 자신의 크로포드 목장도 소유하고 있다. 외국 정상 등 귀빈이 방문하면 백악관 외에 자기 목장에도 데려가 쇠고기 등으로 차린 만찬을 베풀기도 했다. 카우보이 복장을 좋아해, 2004년 대선 당시는 카우보이모자에 부츠를 신고 나타나 연설한 적도 있다.

대통령 직에서 물러난 뒤에는 다시 목장 주인 신분으로 돌아갔다. 물론 직접 소를 치지는 않지만 고향을 거점으로 세계 각국의 초청 강연에 응하는 등 활발한 제2의 인생을 살고 있다.

자신을 '미트 가이'라 부르는 조지 부시는
각종 육류 요리를 즐겨 먹으며, 멕시코 음식도 아주 좋아한다.

    그는 멕시코 인접 지역 출신이어서 특히 멕시코 음식을 좋아한
다. 엔칠라다와 타코는 그가 사족을 못 쓰는 멕시코 음식이다. 엔
칠라다는 토르티야(얇게 편 밀·옥수수가루 반죽)에 고기와 치즈, 해산
물 등을 넣어 구운 것이다.
    타코는 멕시코식 샌드위치로 토르티야에 쇠고기, 돼지고기, 닭
고기, 토마토, 양배추, 치즈, 양파, 튀긴 콩 등을 넣어 만든다. 아
메리칸 푸드로는 비프 텐더로인, 햄버거, 바비큐, 텍사스 스타일의
새우튀김, 볼로냐치즈 샌드위치 등을 즐긴다.

부시는 육식을 즐기는 미트 가이로만 생각하기 쉽지만 실은 제법 균형 잡힌 식생활을 실천하는 사람이다.

이들은 대체로 단백질 위주의 음식들이다. 그래서 부시는 외관상 불균형한 식사를 하는 사람으로 오해받기도 한다. 한번은 그가 호주에서 열린 아시아태평양경제협력체(APEC)의 셀프 서비스 오찬장에서 접시에 커다란 티본스테이크 1개, 소시지 2개, 새우 4개와 조그만 당근 및 옥수수 조각을 1개씩 담아 먹었다.

이를 본 시드니대학 영양학자 비키 플러드 박사가 "부시 대통령의 접시에 단백질이 풍부한 음식들이 많이 담기고 채소는 적으며 빵이 전혀 없는 게 가장 큰 문제"라고 지적했다. 그는 "특히 소시지와 티본스테이크는 지방이 많은 음식들로 고기만 해도 그 양으로 볼 때 걱정 된다"고 말하기도 했다.

그러나 부시는 이처럼 육식을 즐기는 미트 가이로만 생각하기 쉽지만 실은 제법 균형 잡힌 식생활을 실천하는 사람이다. 그의 균형식은 부인 로라 부시(Laura Bush) 여사가 신경 쓴다. 로라는 남편에게 토마토와 사과, 수박 등 채소, 과일을 늘 챙겨 주며 주방 요리사에게 항상 유기농산물을 쓰도록 이른다. 부시 대통령 당시 백악관 총괄 요리사를 지낸 더그 브래들리(Doug Bradley)는 언젠가 한 언론과의 인터뷰에서 "부시 대통령은 신선한 과일을 무척 좋아했다"고 말해 그가 육류에만 편중된 식생활을 하지는 않았음을 시사했다.

부시가 대통령 재임 중 미국인의 건강 증진을 위해 노력한 것이 몇 가지 있다. 그중 가장 두드러진 것은 '5 a day' 운동을 적극 지원한 것이다. '5 a day'는 건강을 위해 채소, 과일을 매일 5접시 이상 먹도록 권하는 미국의 식생활 개선 프로그램이다. 1991년부터 미국국립암연구소가 중심이 돼 추진해온 것으로, 지나친 육류·인스턴트 음식 섭취로 인한 비만과 각종 만성 질환의 발생을 미연에 방지하기 위해 권장하는 식이 프로그램이다.

부시는 대통령 재임 중
미국인의 건강 증진을 위해
'5 a day' 운동을 적극
지원했다.

채소, 과일은 고기에서 얻을 수 없는 다양한 종류의 비타민과
미네랄, 섬유소 등을 제공한다. 질병 방어 역할을 하는 천연색소,
피토케미컬도 풍부하다. 피토케미컬은 안토시아닌, 페놀수지류,
알리신, 루틴, 인돌, 라이코펜, 카로티노이드, 바이오플라보노이
드 등이다. 이들이 비타민, 미네랄 등과 상호 작용해 건강을 증진
시키며 암과 심장질환, 고혈압, 당뇨, 안과질환 등의 위험을 낮춘
다. 채소, 과일은 또 열량과 지방 함량이 낮으며 콜레스테롤은 찾
아볼 수 없다.

부시는 대 국민 연설에서 패스트푸드와 정크푸드 위주의 고열

량 저영양 식생활을 고치지 않으면 빨리 죽는다고 역설해 많은 국민의 지지를 이끌어냈다. 그의 노력에 힘입어 미국인의 채소, 과일 섭취량이 큰 폭으로 증가하면서 그의 집권 기간 암으로 인한 사망자가 사상 최초로 감소하는 성과가 나타났다. 이는 물론 발달된 의술 덕택이기도 하다. 그러나 식생활 개선 역시 적잖이 기여했음은 부인할 수 없다.

부시는 암 사망자 감소 소식을 듣고 미국국립암연구소를 방문해 "이는 암과의 전쟁에서 우리가 승리하고 있음을 보여주는 쾌거"라고 치하했다.

'5 a day' 운동을 후원하면서 부시 자신의 식생활도 그에 걸맞게 채소, 과일 쪽으로 더욱 기운 것으로 전해진다. 사실은 그가 매우 좋아한 멕시코 전통음식도 고기 외에 각종 채소와 해산물, 곡류, 콩 등이 두루 포함된 균형식이다. 여기에 더해 부인이 '5 a day' 운동에 부합하는 식탁에 신경 썼을 것을 상상하기란 그다지 어렵지 않다.

부시의 대통령 재임 기간 중에 아리엘 샤론(Ariel Sharon) 당시 이스라엘 총리가 비만이 원인인 뇌졸중으로 쓰러져 식물인간이 됐다. 샤론은 170㎝ 키에 140㎏ 전후의 뚱뚱한 몸이었으니 심혈관계 질환 발생은 예견된 것이었는지도 모른다. 부시는 샤론이 쓰러지기 전에 "제발 생활습관을 바꾸라"고 여러 차례 충고했다. 그의 충고를 듣지 않다가 날벼락을 맞은 샤론을 매우 애석해했다는 후문이다.

부시 자신도 건강 이상으로 다소 충격을 받은 적이 있다. 2007년 대통령 권한을 잠시 이양하고 받은 정기 건강검진에서 5개의 대장 용종이 발견돼 제거한 것이다. 용종은 내버려두면 대장암으로 발전할 수 있는 양성 종양이다. 대장암은 나이 들면서 붉은색 육

부시는 대장 용종 제거를 계기로 채소, 과일을 가까이하는 식생활을 실천하고 있는 것으로 전해진다.

류와 가공육 섭취를 줄이지 않으면 발생 위험이 높아진다. 이와 관련된 의학 연구논문이 많이 나와 있다. 그래서 세계보건기구도 장년층과 노년층의 적색육과 가공육 섭취를 경계하고 있다.

부시는 대장 용종 제거를 계기로 채소, 과일을 더 가까이하는 식생활을 실천하고 있는 것으로 전해진다. 그렇다고 해서 미트 가이로서의 천성을 아주 잃어버리지는 않은 듯하다. 아직도 때때로 티본스테이크를 즐기는 식사에서 이를 엿볼 수 있다. 육식을 하더라도 채식을 더 풍부히 하면 가장 바람직한 식생활이 될 것이다.

우리나라 사람들은 채소를 과거보다 적게 먹는 경향이다. 그런 가운데 암, 당뇨, 심혈관계질환 환자 수가 계속 증가하고 비만증 역시 수습하기 어려운 국면으로 치닫고 있다. 우리 국민의 하루 평균 채소, 과일 섭취량은 한국영양학회 권장량의 절반 수준이다. 부시의 '5 a day' 운동에 대한 관심을 반면교사 삼을 일이다.

5 a day란?

하루 채소, 과일 5접시 먹기 운동이다. 여기서 말하는 '1접시'는 영어의 'portion' 또는 'serving'으로, 손바닥만 한 작은 접시 분량을 의미한다. 즉, 1접시는

- 중간 크기(컴퓨터 마우스)의 신선 과일 1개
- 2분의 1컵의 과일, 채소
- 1컵(야구공 크기)의 샐러드
- 4분의 3컵의 100% 과일 또는 채소 주스
- 1컵의 채소 잎
- 2분의 1컵의 채소와 꼬투리 콩
- 4분의 1컵(골프공 크기)의 건조 과일

등이라고 규정하고 있다. 이들을 아침, 점심, 저녁, 디저트, 간식 등으로 나눠 먹을 것을 권한다.

나라별로 '5 a day'와 유사한 건강식 운동들이 있다.
- 영국 5 colors a day
- 그리스 9 a day
- 호주 the Go for 2 Fruits & 5 Vegs
- 한국 가족건강365운동본부의 '채소과일 365, 가족건강 365' 캠페인

양배추 다이어트로 가꾼
풍만한 미모

몸매 미인의 유형은 대체로 두 가지다. 하나는 다소 마른 체형에 늘씬한 키를 자랑하는 여성이고, 다른 하나는 호리호리하진 않아도 군데군데 볼륨감이 있어 복스러워 보이는 여성이다.

키 크고 허리가 잘록하며 적당히 볼륨감도 있다면 최상이겠지만 그렇게 완벽한 몸매의 여성은 매우 드물다. 미국 할리우드 스타들도 사정은 마찬가지다. 조물주가 완벽하게 빚어놓지 않은 이상 저마다 이런저런 한계를 지녔다. 그래서 얼굴 미인이 되기 위해 피부 숍에 천금을 갖다 바치고, 다이어트로 살과 전쟁을 치른다.

케이트 윈슬렛(Kate Winslet)은 풍만한 몸매가 인상적인 할리우드 스타다. 호화 유람선의 침몰 비극을 내용으로 한 1997년 영화 〈타이타닉〉에서 레오나르도 디카프리오(Leonardo DiCaprio)와 열연해 세

계적인 스타로 떠올랐다. 이 영화에서 그녀가 그려낸, 이 세상 마지막 순간까지 같이하는 사랑의 모습은 수많은 영화 팬들의 가슴에 진한 감동으로 남아 있다.

그 후에도 그녀는 〈아이리스〉〈이터널 선샤인〉〈리틀 칠드런〉 등의 영화에서 농익은 연기력을 펼쳐 보였다. 2009년 골든글러브상 시상식에서는 〈레볼루셔너리 로드〉로 여우주연상을, 그리고 〈더 리더-책 읽어주는 남자〉로 여우조연상을 받는 등 더블 수상으로 인기가 절정에 달했다.

아득한 동경이 스민 듯한 큰 눈동자와 희고 복슬복슬한 얼굴, 그리고 언제나 매력 뻗치는 금발은 그녀의 아이콘이다. 몸매가 날씬하진 않아도 얼마든지 사랑스러울 수 있음을 그녀는 현실에서 여실히 보여주었다.

풍만한 미모는 그녀의 최고 경쟁력이다. 〈타이타닉〉의 감독 제임스 카메론도 그런 이유로 그녀를 캐스팅했다.

그러나 이런 여성일수록 자칫 관리를 잘못하면 몸매가 무너지기 쉬운 법이다. 글래머러스한 체형이어서 뼈가 굵고 살이 잘 붙는 탓이다. 실제 그녀는 한때 체중이 무려 90kg까지 나간 적도 있다. 그래서 다이어트에 목을 맬 수밖에 없다. 잘 먹고도 살 안찌는 여성들을 보면 부럽기만 하다. 하지만 어쩌랴, 타고난 체질인 것을.

다이어트로 고생하는 이 세상 대부분의 여성이 윈슬렛 같은 체형이라고 말할 수 있다. 하지만 절망할 필요는 없다. 자기 몸에 맞는 다이어트로 적절히 조탁하면 오히려 황금 같은 몸매로 거듭날 수 있으니까. 〈타이타닉〉의 감독 제임스 카메론(James Cameron)이 어째서 윈슬렛을 캐스팅했느냐는 질문에 던진 대답이 걸작이다.

"풍만한 아름다움을 지녔기 때문이다."

그렇다! 풍만한 아름다움이야말로 여성의 경쟁력이다.

그렇다면 어떻게 그런 아름다움을 만드는가. 해답은 그녀의 다이어트 생활에서 찾을 수 있다. 윈슬렛은 양배추 다이어트를 하는 것으로 알려져 있다. 양배추는 대표적인 저 칼로리 식품이다. 유태종 박사의 〈식품보감〉에도 먹을 수 있는 부위 100g당 열량이 아욱 39, 양파 33, 우엉 83, 무청 49, 가지 32, 감자 80kcal 등인데 비해 양배추는 22kcal에 불과하다고 소개돼 있다.

하루에 두 포기의 양배추를 세 끼에 나눠 먹는 것이 윈슬렛의 다이어트 비법이다. 즉, 아침에는 토스트 한 쪽, 크림과 설탕을 넣지 않은 커피 한잔, 그리고 양배추 수프나 샐러드를 먹는다. 점심과 저녁은 닭가슴살구이 1인분, 시금치 샐러드, 자몽 한 개, 그리고 양배추 수프나 샐러드 등으로 대신한다.

윈슬렛은 미국의 한 TV 방송에 출연해 양배추 다이어트의 장점에 대해서 이렇게 밝힌 적도 있다.

"양배추는 칼로리가 낮을 뿐 아니라 다른 채소에 비해 포만감도 훌륭한 편이에요. 섬유질도 풍부해 다이어트에 효과적인 식품이에요."

그녀의 판단은 맞다. 실제로 우리나라에서도 많은 여성이 먹는 양을 줄이기 위해 양배추로 배를 채운다. 잎이 뻣뻣한 데다 잎 살도 두터워 포만감을 얻는 데 효과 만점이다. 칼로리는 낮지만 건강 식품으로서의 기능을 다양하게 발휘한다. 위장질환과 골다공증의 예방, 치료에 좋고 유방암과 자궁경부암 예방에도 도움을 준다. 피부 활력 증진에도 그만이다.

2002년 미국 시사주간지 〈타임〉도 10대 건강식품 중 하나로 마늘과 함께 양배추를 꼽았다. 따라서 여성이 다이어트 건강식으로 관심을 가질 만한 식품이다.

하루에 두 포기의 양배추를 세 끼에 나눠 요리해 먹는 것이 윈슬렛의 다이어트 비법이다.

양배추 위주의 식사에
자몽과 닭가슴살구이
등을 곁들여
영양실조를 막는
그녀의 식사법은
본보기가 될 만하다.

독하게 마음먹고 다이어트에 돌입하지만 살이 빠진 듯 만 듯 결과가 매번 실망스럽다고 호소하는 여성들이 적지 않다. 이에 비해 할리우드 스타들에게는 특별한 비밀이 있는 듯하다.

케이트 윈슬렛 외에도 린제이 로한(Lindsay Lohan)이 캔털롭 다이어트, 카메론 디아즈(Cameron Diaz)가 토마토 다이어트, 애슐리 쥬드(Ashley Judd)가 레몬 다이어트, 데미 무어(Demi Moore)가 '3일 주스' 다이어트 등을 하는 것으로 유명하다. 고기 위주의 황제 다이어트나 덴마크 다이어트 등에 치중하는 이들도 있다.

　주의할 점은 이같은 원 푸드 다이어트의 경우 장기간 지속하면 영양실조 등으로 건강에 악영향을 끼칠 수 있다는 사실이다. 요요 현상으로 어려움에 처할 수 있으며, 다이어트 종류에 따라 무월경 등 심각한 부작용을 초래하기도 한다.

　그러므로 원 푸드 다이어트는 단기간 실행하는 것이 현명하며, 다른 식품도 소량이지만 몇 가지 곁들이는 게 좋다. 윈슬렛이 양배추 위주로 식사하며 비타민이 많은 자몽과 단백질 보충을 위해 닭 가슴살구이 등을 함께 먹는 것은 본보기가 될 만하다.

'마크로비오틱' 실천가

마크로비오틱(Macrobiotic)은 식재료를 뿌리부터 잎, 줄기, 껍질까지 통째로 먹는 식사법이다. 생선도 머리부터 꼬리, 지느러미까지 식용 가능한 것은 다 먹는다. 미국 할리우드 스타 톰 크루즈를 비롯해 서구의 일부 저명인사들이 이 식사법을 고수해 세간의 관심이 높다.

이처럼 통째로 먹는 이유는 그래야지만 식품이 지닌 다양한 영양가와 약성, 고유 에너지를 고스란히 받아들일 수 있기 때문이라고 한다. 통째로 먹을 뿐 아니라 너무 다듬지도 않는다고 한다. 또 제철에 거둔 신선한 먹을거리를 식재료로 쓰는 것도 이 식사법의 특징이다. 이러한 식사법은 본디 오래 전부터 동양에서 자연건강식의 하나로 이용돼 왔다. 이른바 일물전체식(一物全體食)이다. 즉, '하나의 사물은 전체를 다 먹는다'는 뜻이다. 서양에서 동양의 이

톰 크루즈는 모든 식품은 자연에서 원료로 획득했을 때 그 전체를 통째로 섭취할 경우 영양 균형이 가장 탁월하다고 생각한다.

러한 식이철학이 건강에 매우 유익한 것으로 받아들여지면서 마크로비오틱이란 건강법으로 새롭게 각광받게 된 것이다. 그러고 보면 톰 크루즈의 건강도 아시아 자연건강식 전통의 영향을 받고 있는 것이라 여길 수 있다.

마크로비오틱이란 '크다'라는 'macro'와 '생명'이라는 'bio' '방법'이란 'tic'의 합성어로 '크고 위대한 생명을 담은 요리'란 뜻이다. 이처럼 거창해 보이지만 알고 보면 한반도에서도 조상 대대로 계승돼 온 식이철학이다. 한동안 잊혀 있다가 현대에 이르러 식탁의 문제가 심각해지면서 새삼스럽게 부각된 것으로 볼 수 있다.

기실 모든 식품은 자연에서 원료로 획득할 때의 전체 상태를 그대로 섭취할 때 영양 균형이 가장 탁월하다. 우리가 통째로 먹는 '전체식품'에는 열량, 단백질, 무기물, 비타민, 섬유소, 기타 모든 생리작용에 관여하는 물질들의 함량이 어떤 고차적 균형을 이루고 있다. 그럼에도 불구하고 현대인은 식품을 먹을 때 전체식품 대신 '부분식품'을 선호한다. 맛있고 먹기 편리하기 때문이다. 대표적인 예가 쌀이다. 전체식품인 현미는 중요한 영양성분과 생리활성 물질을 쌀겨(속껍질)와 배아(씨눈)에 포함하고 있다. 따라서 현미를

먹어야 건강에 더 유익하다는 정보는 귀가 따가울 정도로 많이 듣고 있다. 그런데도 대부분의 사람들은 쌀겨와 배아를 깎아내고 하얘지도록 정제한 흰쌀밥을 먹는다.

소금도 마찬가지다. 요즘 식탁에 오르는 정제염은 다양한 천연 미네랄을 제거하고 짠맛 나는 염화나트륨만 99% 농축해 만들었다. 희고 보송보송해 먹기 좋을지 몰라도 염화나트륨의 과도한 작용을 견제할 수 있는 무기물이 없어 부작용이 초래될 수 있다.

과일은 껍질 속에 항암 성분 등 유익한 물질이 많은데 모두 깎아 버리고 과육만 먹는다. 물론 농약 걱정 때문이지만, 유기농으로 재배한 과일조차 껍질을 깎아내는 것은 안타깝다. 입에 부대끼는 껍질을 내버리고 부드럽고 사각사각한 속살만 맛있게 먹으려 하는 인간의 얄팍한 생각이 이같은 어리석은 결과를 낳는다. 도라지도 껍질에 사포닌이 많아 폐와 기관지 기능 향상에 도움 되지만, 껍질을 다 깎아 버리는 경향이다.

고구마와 감자도 껍질을 함께 먹을 때가 벗기고 먹을 때보다 훨씬 많은 영양분을 섭취하게 된다. 무도 잎사귀와 함께 먹어야 좋다. 무청이 무보다 훨씬 많은 영양분을 지니고 있을 뿐 아니라 항암물질도 여러 종류 함유하고 있는 것으로 밝혀졌다. 땅콩이나 밤 따위도 가급적 속껍질까지 다 먹어야 한다는 것이 일물전체식, 나

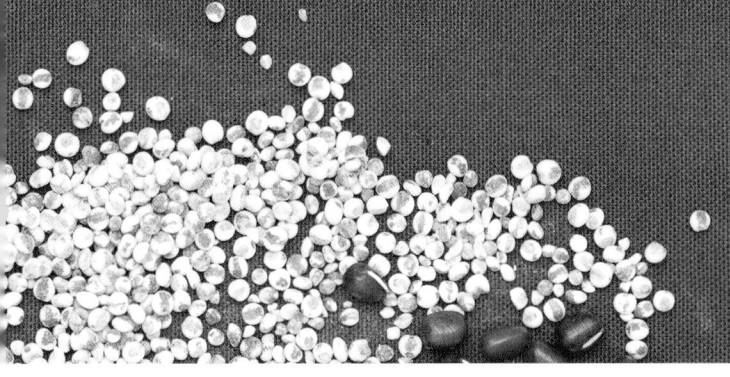

하늘이 하나의 식품을 인간에게 줄 때는 단점을 커버할 수 있는 기능도 겸비시켰다.

아가 마크로비오틱의 지혜다. 낙지와 오징어는 저밀도콜레스테롤을 다량 포함해 이를 너무 자주 먹으면 각종 성인병의 원인이 될 수 있다. 그런데 낙지와 오징어의 먹물에 타우린이란 콜레스테롤 예방 물질이 함께 들어 있는 것은 신비한 일이다. 이처럼 하늘은 하나의 식품을 인간에게 줄 때 문제점을 커버할 수 있는 기능도 겸비시켰다. 인간이 어리석게도 이를 나누고 가공해, 버려선 안될 것들을 내버리는 바람에 부작용이 초래된 것이다.

오늘날 성인병의 상당 부분이 이러한 식생활의 부조화에서 기인한다고 해도 과언이 아니다. 그리고 보면 톰 크루즈는 영화배우로서의 뛰어난 자질 외에 자신과 가족의 건강을 잘 지킬 수 있는 똑똑한 머리도 지녔다고 볼 수 있다. 나이 50이 넘어서도 20대처럼 탱탱한 살결과 몸매를 자랑하는 것도 상당 부분 마크로비오틱 덕분이라고 말한다면 과장일까.

뉴욕 학생들의 학업 성적이 쑥 올라갔다

신선 농산물 위주의 학교급식이 학생들의 학업 성적을 크게 향상시킨 사례가 있다.

1979년 봄 미국 뉴욕시내 803개 공립학교 100만여 명 학생들의 평균 학업 성적은 미국 전체 공립학교 학생들 가운데 백분위수로 39%를 기록했다. 이는 미국 전체 공립학교 학생들의 성적을 1등부터 100등까지 등수화 할 때 뉴욕 803개 학교 학생들은 평균 61위를 차지했다는 말과 비슷하다.

이같은 저조한 성적이 반전되기 시작한 것은 1979년 가을부터다. 그해 가을 학기부터 뉴욕시 교육당국은 모든 학교급식의 설탕 함유 비율을 11% 이내로 제한했다. 또한 2가지 인공합성 착색료 사용도 금지했다. 그 결과 1980년 봄 학생들의 평균 백분위수가 47%까지 상승했다.

1981년에는 인공합성 착색료와 인공합성 향신료 사용을 금지했더니 백분위수가 51%로 상승했다. 마지막 단계로 1982년 방부제 BHT와 BHA를 포함한 식품마저 학교급식에서 제외시키자 백분위수는 55%까지 향상됐다. 100위 석차에서 평균 61위가 45위까지 상승한 것이다.

이같은 실험은 학교급식에서 설탕 함유식품과 착색료, 향신료, 방부제 등이 포함된 식품을 줄이고 대신 신선 농식품 위주의 식사를 제공하는 것이 얼마나 중요한지 웅변적으로 말해준다.

신선 농식품 위주의 식탁은 육체 건강을 개선할 뿐 아니라 이처럼 학업 성적까지 쑥쑥 올려주는 것이다. 똑똑한 주부라면 자녀의 건강과 성공을 위해 유념할 필요가 있는 실험 결과다.

자료 출처 www.feingold.org/Research/research_school.html

'푸드 마일'을 고려하는 식탁

영국의 소비자운동가이자 런던시티대학 식품정책학 교수인 팀 랭 (Tim Lang)은 식사할 때마다 푸드 마일을 꼼꼼히 따진다. '푸드 마일(food miles)'이란 식품이 생산지에서 소비자 식탁에 오르기까지의 이동 거리를 뜻한다. 이동 거리가 길수록 신선도와 안전성이 저해될 수 있다. 식품을 운송하는 비행기, 선박, 차량의 이산화탄소 배출량도 늘어나 환경에 피해를 주게 된다.

한번은 랭 교수가 런던 시내 가정에서 간단한 저녁식사를 하는 과정에서 식재료의 이동 거리를 찬찬히 따져봤다. 파스타는 재료 중 후추가 인도로부터 4,700마일, 말린 토마토와 올리브 오일은 이탈리아로부터 각각 1,000마일 이동해 온 것을 알 수 있었다.

과일 샐러드 중 체리는 미국으로부터 4,600마일, 천도복숭아는 이탈리아로부터 1,000마일 수송돼 왔다. 음료 중 와인은 호주로부

영국인들은 매일같이 어마어마한 푸드 마일을 쌓고 있다.
식품은 이동 거리가 길면 신선도와 안전성이 저해되며 환경에 피해를 끼친다.

터 1만 마일, 생강맥주의 원료인 생강은 인도에서 4,800마일 옮겨
온 것을 알고 놀랐다. 어릴 때 농식품을 고향 주위 밭에서 거둬 식
탁을 꾸리던 것과는 너무나 다른 풍경이었던 것이다.

랭은 이런 경험을 토대로 1994년 푸드 마일이라는 새로운 개념
을 최초로 사용했다. 이는 그후 식품학계와 업계에서 식품 운송으
로 인한 환경영향을 평가하는 지표로 활용되고 있다.

한국은 푸드 마일이 매우 높은 나라다. 그도 그럴 것이 식품 수
입량이 매년 큰 폭으로 증가해 왔기 때문이다. 미국, 유럽연합 등
거대 경제권과의 자유무역협정이 발효되고 정부가 물가 안정을 위
해 중국 등지로부터 할당관세 제도를 활용한 저가 수입을 촉진했
으니 바야흐로 우리나라는 수입식품 춘추전국시대를 맞은 것과
같다.

    국립환경과학원이 한국, 일본, 영국, 프랑스 4개국의 곡물, 축산물, 수산물, 채소, 과일, 설탕류, 음료 등의 수입에 따른 푸드 마일과 이산화탄소 배출량을 산정한 일이 있다. 그 결과 2010년 현재 우리 국민 1인당 연간 식품 수입량은 468㎏으로 영국(411㎏), 프랑스(403㎏) 및 일본(370㎏)을 모두 앞질렀다. 이는 2001년의 410 ㎏에 비해 14% 증가한 수치다.

    국민 1인당 연간 푸드 마일은 t당 7,085㎞로 2001년(5,172㎞)에 비해 37% 증가했다. 같은 기간 일본은 5,807㎞에서 5,484㎞, 영국은 2,365㎞에서 2,337㎞, 프랑스는 777㎞에서 739㎞로 줄어들었다. 한국인의 푸드 마일은 프랑스의 10배 수준이다.

    한국인 밥상에 오르는 노르웨이 산 명태와 고등어는 무려 2만 1,600㎞, 브라질 산 곡물은 2만2,000㎞를 이동해 온다. 그럼에도 이를 심각하게 받아들이는 이들은 별로 없어 보인다. 매번 식사할 때 함께 하는 상대방의 인상과 음식의 맛, 분위기 등은 중시하면서도 정작 지나친 푸드 마일로 인한 온실가스 발생으로 기후변화가 촉진되고 그로 인해 자신들이 곤란을 겪는다는 사실을 인식하는 사람들은 거의 없는 듯하다. 그런 점에서 이같은 문제의 위험성을 지적한 랭 교수는 이 시대의 현명한 학자다.

영국인들도 매일같이 어마어마한 푸드 마일을 쌓고 있다. 영국 잉글랜드 주의 경우 쇠고기는 호주로부터 무려 21,462㎞, 블루베리는 뉴질랜드로부터 18,835㎞, 강낭콩은 태국으로부터 9,532㎞ 날아온다. 심지어 농업국가인 미국도 아이오와 주의 경우 적양배추, 양파, 강낭콩, 노란 고추, 당근, 토마토 등이 캘리포니아로부터 각각 2,720㎞, 감자는 아이다호로부터 2,080㎞, 소 목살은 콜로라도로부터 1,080㎞ 이동해온다.

심지어 식품 수입국이 같은 종류의 자국산 식품을 상대편 국가에 수출하는 예도 허다하다. 영국은 돼지고기, 양고기, 유제품 등을 미국, 호주 등지로부터 수입하는 동시에 이들 국가에 같은 종류의 농식품을 연간 수억t씩 수출한다. 일본은 중국 쌀을 수입해 술이나 떡 만드는 데 쓰지만 반대로 고급 일본쌀을 중국내 대도시 백화점에 보내 그 나라 부유층의 소비를 유도하고 있다. 지산지소(地産地消)나 로컬푸드의 시각에서 볼 때 이는 상당히 합리성이 결여된 사례들이다. 이같은 수출입이 소비자들에게 일정 부분 만족감을 줄 수 있을지 모르나, 신선도 저하와 안전성 위협 및 이중의 온실가스 발생은 부인할 수 없는 부정적 요소들이다.

그럼에도 불구하고 오늘날 대형마트와 백화점들은 세계 도처에서 수입한 먹을거리들의 정거장 역할을 한다. 장거리 이동으로 지칠 대로 지친 식품들이다. 냉장고와 방부제 등 각종 식품첨가물

오늘날 대형마트와 백화점들은 수입 농식품의 정거장 역할을 한다. 장거리 이동으로 지친 식품들이다.

랭 교수는 강연할 때마다 푸드 마일을 줄이는 계기를 마련해야 한다고 강조한다.

들이 식품의 피로를 덜어줘 겉으로는 멀쩡해 보일지라도 이는 사람에게 링거주사를 꽂은 것과 다름없다. 특히 북미와 남미 대륙의 곡물은 세계인의 식탁을 휩쓸고 있다. 대부분 유전자 조작 곡물들이다. 뉴질랜드 산 키위와 미국 산 네이블오렌지, 칠레 산 포도, 호주·미국·캐나다 산 쇠고기, 뉴질랜드·호주 산 사슴고기, 중국 산 뱀장어 등이 세계 각국의 로컬 푸드를 밀어내고 있다. 이는 그곳 수입국 주민들의 건강을 밀어내는 측면도 배제하지 못한다.

랭 교수는 강연차 세계 곳곳을 방문할 때마다 개인의 건강과 지구촌 보호를 위해 푸드 마일을 줄이기 위한 계기를 마련해야 한다고 강조한다. 귀담아 들을 필요가 있는 말이 아닌가 싶다.

Piment d'Espagne
*Pour paella, ragoût de morue, sautés
omelettes, pomme de terre, sautés
de veau, œufs brouillés...*
2€ : 100g

Thym
de Provence
3€ : 100grs

Cumin Moulu
*Pour Tajines, couscous,
brochettes, légumes, choux,
navets, pomme de terre, poissons,
agneau, porc, rôtis, farces...*
2€ : 100g

《거친 밥 한 그릇이면 족하지 않은가》 이승환·최수연, 이가서, 2009

《공해 시대 건강법》 안현필, 도서출판 길터, 1994

《健康食品》 유태종, 고려대학교 출판부, 1985

《무엇을 어떻게 먹어야 하나》 홍문화, 거암, 1986

《마사 스튜어트 아름다운 성공》 마사 스튜어트, 김종식 옮김, 황금나침반, 2007

《미녀들의 식탁》 유한나, 예담, 2012

《민족생활의학》 장두석, 정신세계사, 1994

《방랑식객》 SBS스페셜 제작팀, 문학동네, 2012

《성철스님 시봉이야기》 원택스님, 김영사, 2012

《식생활의 혁명》 이양희, 도서출판 지혜, 1989

《식탁을 엎어라》 박중곤, 아라크네, 2010

《食品寶鑑》 유태종, 도서출판 서우, 1993

《식품전쟁》 팀랭·마이클 헤즈먼, 박중곤 옮김, 2007

《암과 싸우지 말고 친구가 돼라》 한만청, 센추리원, 2012

《약이 되는 산나물 들나물》 오현식, 농민신문사, 2012

《잘 먹고 잘 사는 법》 박정훈, 김영사, 2003

《장수의 비밀》 서울대 체력과학노화연구소·조선일보, 조선일보사, 2003

《초라한 밥상》 마쿠우치 히데오, 김욱송 옮김, 참솔, 2003

《흥부처럼 먹어라, 그래야 병 안 난다》 임락경, 농민신문사, 2010